油田企业模块化、实战型技能培训系列教材

电力调度及自动化岗
技能操作标准化培训教程

丛书主编　陈东升

本书主编　耿宪福

中国石化出版社

图书在版编目(CIP)数据

电力调度及自动化岗技能操作标准化培训教程 / 陈东升，耿宪福主编．—北京：中国石化出版社，2022.4
油田企业模块化、实战型技能培训系列教材
ISBN 978-7-5114-6592-4

Ⅰ．①电…　Ⅱ．①陈…　②耿…　Ⅲ．①电力系统调度-调度自动化系统-技术培训-教材　Ⅳ．①TM734

中国版本图书馆 CIP 数据核字(2022)第 030258 号

中国石化出版社出版发行
地址：北京市东城区安定门外大街 58 号
邮编：100011　电话：(010)57512500
发行部电话：(010)57512575
http://www.sinopec-press.com
E-mail：press@sinopec.com
北京力信诚印刷有限公司印刷
全国各地新华书店经销
*
787×1092 毫米 16 开本 9.75 印张 155 千字
2022 年 4 月第 1 版　2022 年 4 月第 1 次印刷
定价：68.00 元

《油田企业模块化、实战型技能培训系列教材》编委会

《电力调度及自动化岗技能操作标准化培训教程》编委会

主　　任　耿宪福

委　　员　李金龙　徐宏英　韩少宏　陈永明

编写人员

主　　编　耿宪福

副 主 编　李金龙　韩少宏　徐宏英

编写人员　左保民　张立芹　李　贤　张瑜斌　彭瑞敏

　　　　　白晓丹　杨保华　常丽娜　娄春丽　卢　璐

审核人员

主　　审　刘　伟

审核人员　孙　刚　韩少宏　王教波　房守敏

　　　　　马　鹏　陈文琳

序　　言

为贯彻落实中原石油勘探局有限公司、中原油田分公司（以下简称中原油田）人才强企战略，通过开展专项技能培训和考核，全面提升技能操作人员工作水平，促进一线生产提质增效，由中原油田人力资源部牵头，按照相关岗位学习地图，分工种编写了系列教材——《油田企业模块化、实战型技能培训系列教材》，本书是其中一本。

本书具有鲜明的实战化特点，所有内容模块都围绕生产实际业务或操作项目设置，既能成为提升实际工作能力的培训教材，也可以作为指导岗位操作的工具书。其内容具备系统性，既包括施工前准备、执行操作流程、操作要点与质量标准，也包括安全注意事项及事故应急处理等内容，体现了“以操作技能为核心”的特点。所有编写人员均来自基层单位，有基层技能操作专家，也有技术骨干等，真正体现出“写我所干，干我所写”的理念。

本书适用于相关工种员工的日常学习，以及基层单位组织集中培训、岗位练兵等使用，每本教材后都附有本工种学习地图，使本工种各技能等级员工都能找到自己的努力方向和学习内容，为广大员工开展个性化岗位学习、提高学习效率点亮一盏指路明灯。

同时，本书也向广大读者传达一种“学、做翻转”的人才培训思路：即打破参加培训就是到课堂学习知识的传统思维方式，把“学习知识、了解流程、掌握标准”的活动放在工作岗位，通过对教材内容的学与练，提升职业技能水平；只有遇到岗位学习或工作中难以解决的问题时，才考虑参加集中培训，通过对具体问题解决过程的体验、学习与感悟，提升学习者解决实际问题的能力。

当然，本书的编写也是实战型培训教材开发的初步实践，尽管广大编者尽其所能投入编写，也难免存在有不妥之处。期望广大读者、培训教师、技术专家及培训工作者多提宝贵意见，以促进教材质量不断提高。

《油田企业模块化、实战型技能培训系列教材》编写委员会

2022 年 2 月

前　言

本教程是根据中原油田电网一次设备接线方式、设备状况以及运行管理模式，同时结合调度自动化运行管理的实际情况，面向油田电力调度及自动化岗位，针对电力调度及自动化岗位实际工作中所需知识、技能而编写的培训教材，涵盖目前中原油田电力调度及自动化岗位日常工作内容。教材紧密结合岗位实际技能需求，以岗位规范、作业规程及技术标准为依据，将日常工作中涉及的基础知识、日常操作、规章制度、事故分析、事故处理等融入各项目内容之中，明确了各项任务的操作步骤、注意事项等实际操作内容。本书较充分考虑了电力调度及自动化岗位的工作特点、设备及最新技术的发展现状，并重点考虑安全生产需要，旨在提高人员的安全风险意识、自我保护能力和规范化操作意识。突出教材的实战性，以解决生产业务实际问题为重点，努力与生产一线贴近，与现场实际贴近。

全书共分两篇：第一篇介绍电网调度，包含3个单元，单元一介绍电网调度运行基础知识，单元二介绍电网调控管理，单元三介绍电网异常及事故处理；第二篇介绍电力调度自动化，包含4个单元，单元四介绍记录及设备监视，单元五介绍设备巡视和维护，单元六介绍电力调度自动化故障处理，单元七介绍仪器仪表的使用。

由于编者水平有限，疏漏、错误之处在所难免，恳请广大读者提出宝贵意见。

目　　录

电网调度篇

电力调度自动化篇

电网调度篇

单元一　电网调度运行基础知识

项目一　电力系统基础

1.1　电力系统基本概念

1.1.1　电力系统是指由发电、输电、变电、配电、用电设备及相应的辅助系统组成的电能生产、输送、分配、使用的统一整体。

1.1.2　动力系统是指发电企业的动力设施、设备和发电、输电、变电、配电、用电设备及相应的辅助系统组成的电能热能生产、输送、分配、使用的统一整体，相当于电力系统和发电厂动力部分的总和。

1.1.3　电力网是由输电、变电、配电设备及相应的辅助系统组成的联系发电与用电的统一整体，包括变压器和各种电压等级的输配电线路，其作用是输送和分配电能，简称电网。

要明确电力系统的概念，还要了解动力系统和电力网这两个与电力系统相互区别而又紧密联系的概念。

1.2　电力工业生产的主要特点

1.2.1　电力生产的同时性。发电、输电、供电是同时完成的，电能不能大量储存，必须用多少，发多少。

1.2.2　电力生产的整体性。发电厂、变压器、高压输电线路、配电线路和用电设备在电网中形成一个不可分割的整体，缺少任一环节，电力生产都不可能完成；相反，任何设备脱离电网都失去意义。

1.2.3　电力生产的快速性。电能输送过程迅速，其传送速度与光速相同，达到每秒30万千米，即使相距几万千米，发、供、用都是一瞬间实现。

1.2.4　电力生产的实时性。电网事故发展迅速，涉及面大，需要实时安全监视。

1.2.5　电力生产的随机性。由于负荷变化、异常情况及事故发生的随机性，电能质量的变化是随机的，因此，在电力生产过程中，需要实时调度，并需要实时安全监控系统随时跟踪随机事件，以保证电能质量及电网安全运行。

1.3　我国主要电力系统简介

全国已经形成了东北电网、华北电网、华中电网、华东电网、西北电网和南方电网6个跨省的大型区域电网，并基本形成了完整的长距离输电电网网架。其中东北电网、华北电网、华中电网、华东电网、西北电网属国家电网公司，南方电网属南方电网公司。

目前华北电网、华中电网直接通过交流互联，并与华东电网、东北电网、西北电网、南方电网通过直流联网。

南方电网服务的省份是贵州、云南、广东、广西、海南；国家电网指的是除南方电网的5个省份外的26个省(自治区、直辖市)。

1.4　我国电压等级分类

目前我国常用的电压等级：220V、380V、6kV、10kV、35kV、110kV、220kV、330kV、500kV，750kV，1000kV。其中交流电压最高等级是1000kV，直流电压最高等级是±1100kV。

交流电压等级中，通常将1kV及以下称为低压，1kV以上、35kV及以下称为中压，35kV以上、220kV以下称为高压，330kV及以上、1000kV以下称为超高压，1000kV及以上称为特高压。

直流电压等级中，±800kV以下称为高压，±800kV及以上称为特高压。

项目二　电网调度管理

2.1　电网调度

《电网调度管理条例》中所称的电网调度是指电网调度机构(简称电力调度机构)，为确保电网安全、优质、经济运行，依据有关规定对电网生产运行、电网调度系统及其人员职务活动所进行的管理。

调度系统包括各级电网调度机构以及调度管辖范围内的发电厂、变电站的运行值班单位。

2.2　电网调度任务

电网调度任务主要包括5个方面：

2.2.1　尽设备最大能力满足负荷的需求。

2.2.2　使整个电网安全可靠运行和连续供电。

2.2.3 保证电能质量。

2.2.4 经济合理利用能源。

2.2.5 按照有关合同或协议，保证发电、供电、用电等各有关方面的合法权益。

2.3 我国电网调度的结构

《电网调度管理条例》中明确规定我国电网调度机构分为5级，分别为：国家调度机构，跨省、自治区、直辖市调度机构，省、自治区、直辖市调度机构，省辖市级调度机构，县级调度机构(通常也将这5级调度简称为：国调，网调，省调，地调和县调)。

各级调度在电网业务活动中是上、下级关系，下级调度机构必须服从上级调度机构的调度。

2.4 电网调度管理的主要工作

2.4.1 组织编制和执行电网的运行方式和调度计划。

2.4.2 负责负荷预测及负荷分析。

2.4.3 指挥调度管辖范围内设备的操作。

2.4.4 指挥电网的事故处理，负责电网事故分析，制订并组织实施提高电网安全运行、稳定运行的措施。

2.4.5 负责本调度机构管辖的继电保护、安全自动装置、电力通信和电网调度自动化系统的运行管理；对用户管辖的上述系统、装置的配置和运行进行技术指导。

2.4.6 负责指挥本电网的经济运行，提出改善电网经济运行的措施。

2.4.7 参加新建、扩建、改建设备的验收工作，编制新设备加入系统运行和重大设备检修的调度方案。

2.4.8 参加电网规划和工程设计审查工作。

2.4.9 负责指挥所辖电网的经济运行。

2.4.10 组织所辖电网有关人员的调度业务培训。

2.4.11 协调有关所辖电网运行的其他关系。

项目三　电网结构分析

主要介绍电力网内各发电厂、变电所和开关站的布局，以及连接它们的各级电压电力线路的连接方式。电网的强弱关系到电力网运行的安全稳定、供电的质量和经济效益，电力系统接线主要分为电力网的接线、发电厂的主接线、变电所的主接线。

3.1 电力网的接线方式

电力网的接线方式主要有两种：有备用接线和无备用接线方式(单回路)。

3.1.1　无备用接线方式(单回路)。无备用接线方式(单回路)可分为放射式、干线式、链式，具体如图1－1所示。

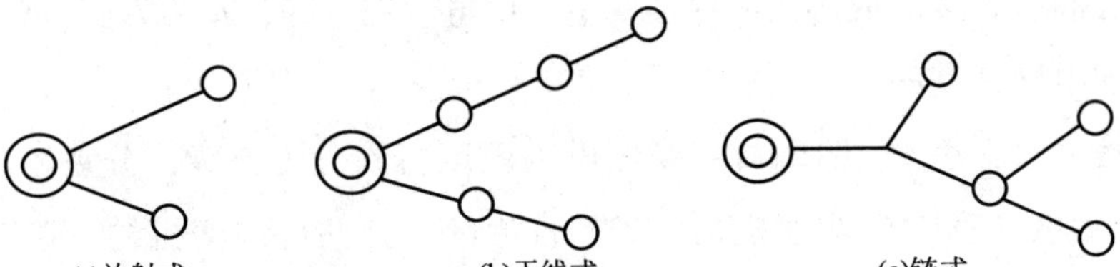

(a)放射式　(b)干线式　(c)链式

图1－1　无备用接线方式(单回路)

优点：简单方便、投资少。

缺点：可靠性低，适用于普通负荷。

3.1.2　有备用接线方式(双回路线)。

有备用接线方式可分为：采用双回路线路、单电源单环网、双电源双环网、两端电源供电，具体如图1－2所示。

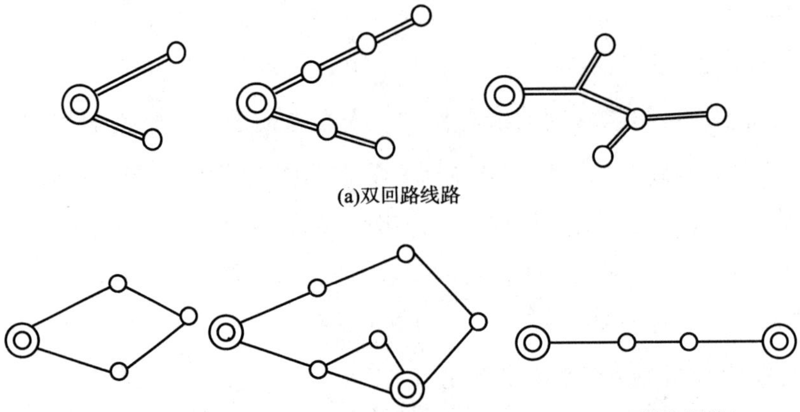

(a)双回路线路

(b)单电源单环网　(c)双电源双环网　(d)两端电源供电

图1－2　有备用接线方式(双回路线)

双回路网络的优点：简单方便、可靠性高；缺点：经济性差。

环网供电的优点：可靠、经济；缺点：操作复杂，故障时电压质量差。

3.2　变电所的主接线方式

电气主接线按照是否有无汇流母线分为有汇流母线和无汇流母线两大类。

3.2.1　变电站内基本都是有汇流母线的，其接线方式包括单母线、双母线及其衍生接线形式。

(1)单母线接线。

只有一组汇流母线，所有设备均匀地分布在该母线上。每一条回路配置一组断路器及相应的隔离开关和接地刀闸，具体如图 1 - 3 所示。

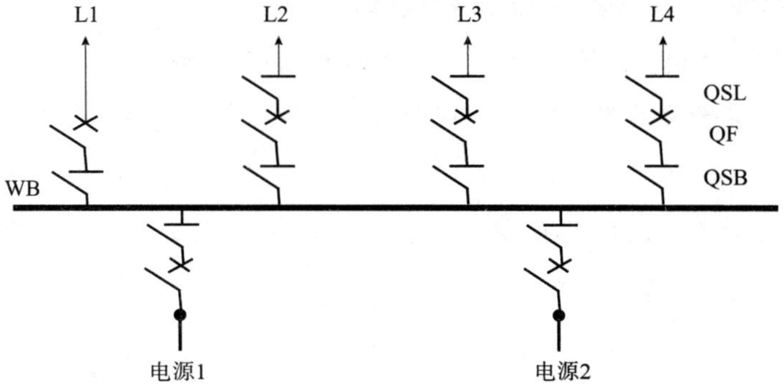

图 1 - 3　单母线接线方式

单母线的优点：接线简单、清晰、设备少、运行操作方便；扩建方便。

单母线的缺点：可靠性差和灵活性差。

单母线适用范围：应用于单电源或者回路数较少的 35kV 电压等级以下变电站或者发电厂。

(2) 单母线分段接线。

单母线为了克服其缺点衍生出的一种接线形式，在母线中添加了分段断路器。母线分为 2 段，回路均匀分配 2 段母线上，重要的回路可以设置 2 条支路，分别接在 2 段母线上，提高供电可靠性，具体如图 1 - 4 所示。

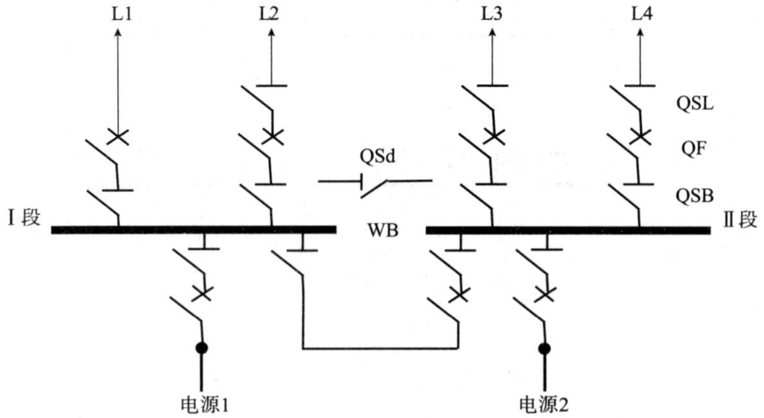

图 1 - 4　单母线分段接线方式

单母线分段的优点：可靠性和灵活性大大提高，任意一路电源故障不会中断供电；任意一段母线故障，只需该母线停电，另外一段母线可以仍正常运行，减少了停电范围。

单母线分段的缺点：任意一条母线检修或者停电，该母线上的支路也需停电。

适用范围：35 ~ 110kV 出线回路数较少，容量不大的发电厂和变电站。

(3)单母线(分段)带旁母接线。

为了解决单母线(分段)母线停电或者检修时需要停电的问题，引入了一条旁路母线，并且加装一组断路器及相应的隔离开关，具体如图1－5所示。

单母线(分段)带旁母接线的优点：减少母线故障或者停电时的停电范围，任意一台断路器检修，该支路不停电。

单母线(分段)带旁母接线的缺点：增加了旁路断路器及相应的隔离开关，增加了投资，运行操作变得更加复杂。

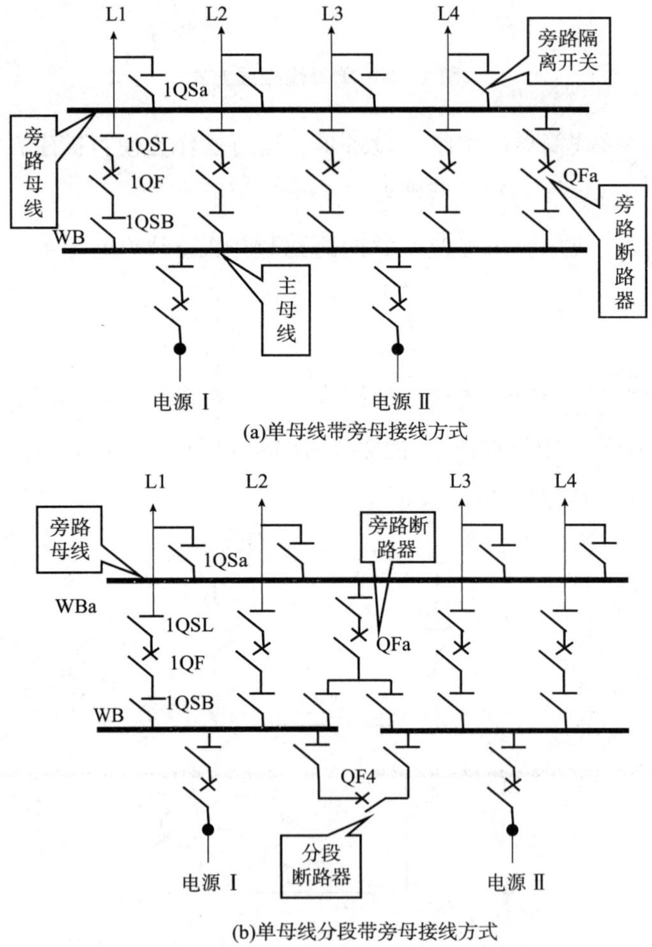

图1－5 单母线(分段)带旁母接线方式

适用范围：适用于110kV以下电压等级，出线回路较多，对供电可靠性要求较高或者特殊需求的用户的变电站。

(4)双母线接线。

典型双母线一般由2条母线，1个母联断路器及若干回路组成。每一回路有2个母线隔离开关分别连接到2条母线上，具体如图1－6所示。

双母线接线的优点：一条母线检修不会影响供电；任意支路母线侧刀闸检修，不影响其他支路运行；工作母线故障，故障切除后能够快速切换到另一条母线上，恢复供电；扩建方便。

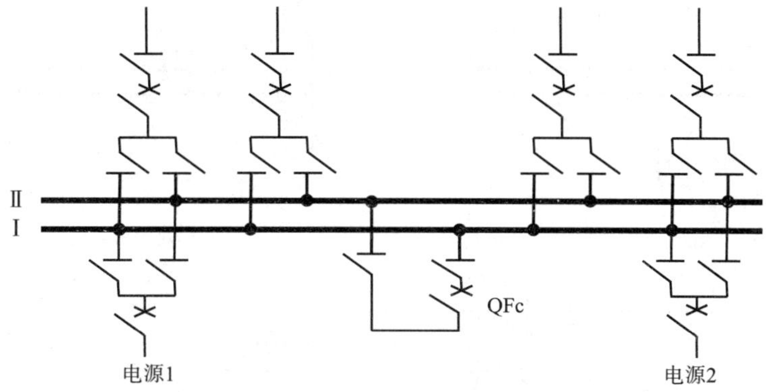

图1－6　双母线接线方式

双母线接线的缺点：设备投资增大，占地面积增大；倒闸操作变得复杂，增加了运行人员操作难度，容易误操作。

适用范围：一般应用于出现回路多于5回的110～220kV变电站。

(5)双母线带旁母接线。

双母线带旁母接线引入了一条备用母线，意义同单母线带旁母接线，可靠性和灵活性大大提高，具体如图1－7所示。

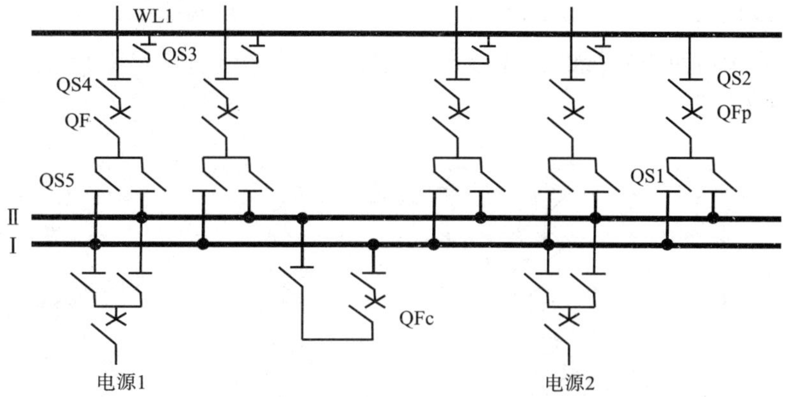

图1－7　双母线带旁母接线方式

双母线带旁母接线的优点：供电更加可靠，更加灵活；回路开关检修时，支路也不会停电。

双母线带旁母接线的缺点：经济型降低，倒闸操作复杂，操作难度大，旁母利用率不高，一般只在母线检修或者紧急情况下使用。

(6)其他双母衍生接线方式，具体如图1－8所示。

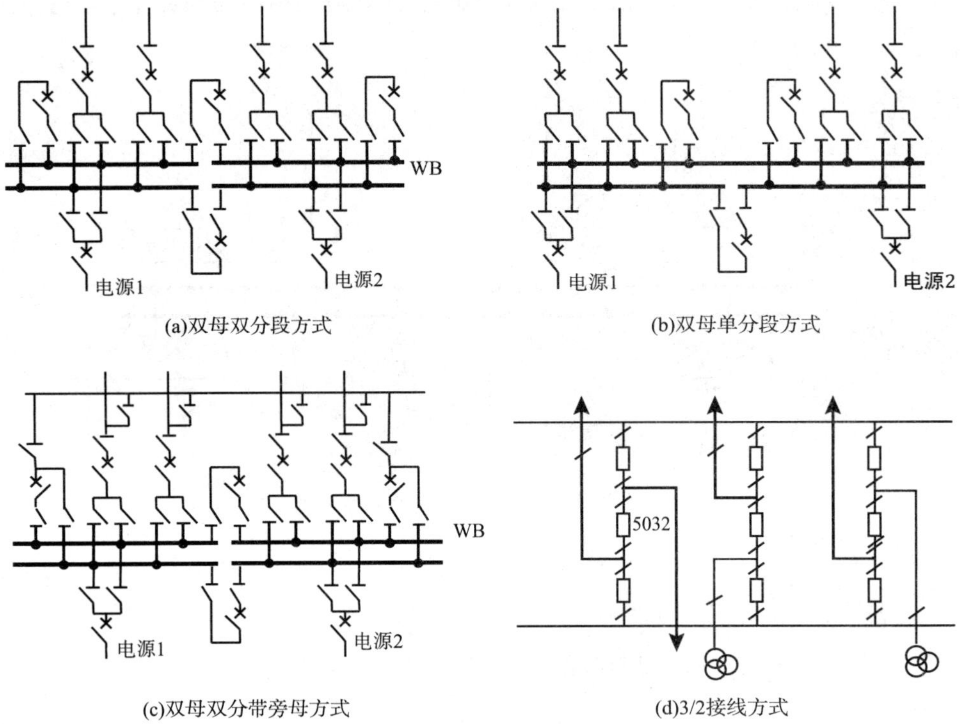

图1－8　其他双母衍生接线方式

3.2.2　无汇流母线

无汇流母线接线方式主要包括单元接线、桥式接线、角式接线。该种接线方式是因地制宜采用的适合独特供电系统的接线形式，具体如图1－9、图1－10所示。

(1)单元接线。

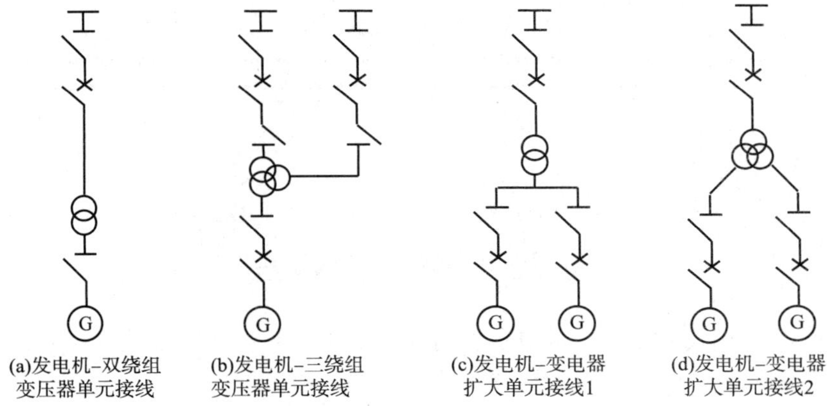

图1－9　无汇流母线单元接线方式

(2)桥式接线。

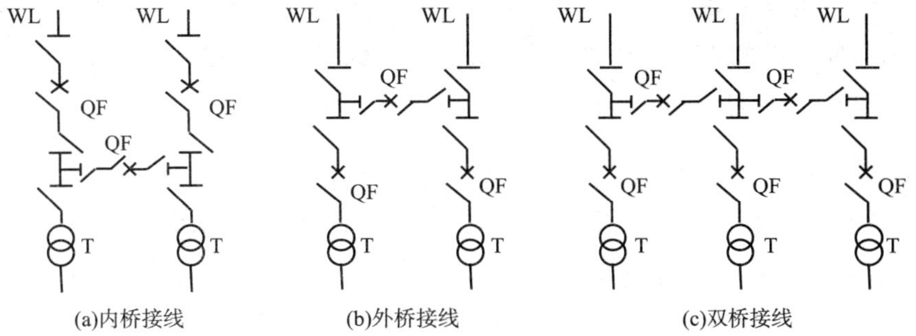

图 1-10　无汇流母线桥式接线方式

项目四　电力系统负荷分类

4.1　电力系统负荷的组成

电力负荷指发电厂或电力系统在某一时刻所承担的某一范围内耗电设备所耗的电功率总和(单位 kW)。电力系统负荷由以下部分组成:

4.1.1　用电负荷。

电能用户的用电设备在某一时刻向电力系统取用的电功率的总和，它是电力系统负荷中的主要部分。

4.1.2　线损(网损)。

电能从电厂到用户的输配电过程中，产生的损耗称为线损，它包括线路损耗和变压器损耗。

该部分损耗一部分为电网线路、变压器元件中电阻回路上流过电流时产生的损耗，称为可变损耗；另一部分则发生在变压器、电抗器、电容器等设备上的不变损耗，称为固定损耗，如铁损等。

4.1.3　厂用负荷。

发电厂在发电过程中厂用设备所消耗的有功负荷。

4.2　用电系统负荷的分类

4.2.1　根据供电可靠性要求分类。

根据对供电可靠性的要求不同，用电负荷可分为:

(1)一类负荷：中断供电将造成人身伤亡或政治、军事、经济上的重大损失，或会造成有重大政治、军事、经济意义上的用电单位正常工作的负荷。如：引起社会混乱，发生重大设备损坏，造成重要交通枢纽、干线受阻，造成通信、广播电视中断，造成城市水源中断、环境严重污染等。在一类负荷中，当中断供电将发生中毒、爆炸和火灾等情况的负荷，以及特别重要场所的不允许中断供电的负荷，应视为特别重要的负荷。

(2)二类负荷：中断供电将造成严重减产、停工、局部地区交通阻塞，大部分城市居民的生活秩序被打乱等。

(3)三类负荷：除一、二类负荷外的负荷，该类负荷停电造成的损失不大。

4.2.2　根据对供电负荷行业的分类。

根据对供电负荷行业的不同，用电负荷可分为：

(1)农业用电负荷：包括农村排灌、农副业、农业、林业、畜牧、渔业、水利业等用电。该类负荷受季节、气候影响较大，用电负荷不稳定。

(2)工业用电负荷：包括各种采掘业和制造业用电。工业负荷日变化趋势受工作方式影响大，如企业工作班制、工作小时数、上下班时间等，一般一天内会出现早高峰、白高峰和晚高峰三个高峰，午间和午夜两个低谷。

(3)居民用电负荷：包括城市和乡村居民生活用电。有以下特点：日负荷曲线变化大，存在高峰和低谷时段；季节变化影响大等。

(4)交通用电负荷：包括公路、铁路车站、码头、机场用电、管道运输、电气化铁路及邮电通信用电等、该类用电虽然负荷量不大，但是对人民生活、社会影响巨大，特别是电气化铁路负荷，呈不规则冲击负荷特性。

(5)商业用电负荷：包括商业、公共饮食、物资供应和仓储业像各种商店、饮食业、物资供应单位及仓储用电等。

(6)公用事业用电负荷：包括市内交通、路灯照明用电，文艺、体育单位、国家党政机关、各种社会团体，福利事业、研究等单位用电。

(7)其他用电负荷：如地质勘探、建筑业用电等。

项目五　电网主要故障类型

5.1　线路故障

5.1.1　按故障相别划分包括：

(1)单相接地故障；

(2)相间短路故障；

(3)两相接地短路故障；

(4)三相短路故障。

5.1.2　按故障形态划分包括：

(1)相间短路故障；

(2)断线故障。

5.1.3　按故障性质划分包括：

(1)瞬间故障；

(2)永久故障。

5.2　变压器故障

5.2.1　变压器内部故障。

(1)磁路故障。即在铁芯、铁轭及夹件中的故障，其中最多的是铁芯多点接地故障。

(2)绕组故障。包括在线段、纵绝缘和引线中的故障，如绝缘击穿、断线和绕组匝、层间短路及绕组变形等。

(3)绝缘系统中的故障。即在绝缘油和主绝缘中的故障，如绝缘油异常、绝缘系统受潮、相间短路、围屏树枝状放电等。

(4)结构件和组件故障。如内部配金具和分接开关、套管、冷却器等组件引起的故障。

5.2.2　变压器外部故障。

(1)各种原因引起的严重漏油。变压器漏油是一个长期和普遍存在的故障现象。据统计，在变压器故障中，产品渗油约占1/4。变压器渗油危害很大，严重时会引起火灾烧损；使绕组绝缘下降；使带电接头、开关等处在无油绝缘的状况下运行，导致短路、烧损甚至爆炸。

(2)冷却系统故障。冷却器故障、油泵故障等。

(3)分接开关和传动装置及其控制设备故障。

(4)其他附件如套管、储油柜、测温元件、净油器、吸湿器、油位计及气体继电器和压力释放阀等故障。

(5)变压器的引线以及所属隔离开关、短路器发生故障，也会造成变压器保护运行，使变压器跳闸或退出运行。

(6)电网其他元件故障。该元件的断路器拒动，导致变压器后备保护动作。

5.3　母线故障

母线故障指由于各种导致母线保护动作的故障，切除母线上所有故障，包括使用母联断路器。

由于母线是变电站中的重要设备，通常其运行维护情况比较好，相对线路等其他电力元件，母线本身发生故障的概率很小。导致母线故障的原因主要有：

(1)母线及其引线的绝缘子闪络或击穿，或支持绝缘子断裂倾倒。实际运行中，导致母线保护动作的大部分是这一类故障。

(2)直接通过隔离开关连接在母线上的电压互感器和避雷器发生故障。

(3)某些连接在母线上的出线断路器本体发生故障。这些断路器两侧均配置有电流互感器(TA)，虽然断路器不是母线设备，但是故障点在元件保护和母线保护双重动作范围之内，因此这些断路器本体发生故障时该断路器所属的元件保护和母差保护均会动作，导致母线停电。

项目六　负荷调整的原则及方法

6.1　负荷调整的原则

6.1.1　负荷调整的意义。

由于负荷的性质不同，各类用户的最大负荷出线的时间不同。当用电负荷增加时，电力系统发电机出力也应随之增加；当用电负荷减少时，电力系统的发电机出力也须相应减少。如果各种用户最大负荷出现的时间过分集中，电力系统就得有足够的发电机出力满足用户需求，否则就会出现系统的发电量小于需求，造成低频率运行、拉闸限电。而当用电负荷高峰时间一过，系统发电又多于负荷，造成高频率运行。这些情况的出现都会带来很大危害，同时增加系统的大量投资。电力系统负荷调整主要达到以下目的：

(1)节约国家对电力工业的基建投资。

(2)提高发电设备的热效率，降低燃料消耗，降低发电成本。

(3)充分利用水资源，使之不发生弃水状况。

(4)增加电力系统运行的安全稳定性和提高供电质量。

(5)有利于电力设备的检修工作。

6.1.2　负荷调整的原则。

调整负荷是一项细致而复杂的工作，政策性强，涉及面广，不仅关系到电网的运行、工矿企业的生产，而且也关系到人民群众的生活和习惯。调整负荷主要应掌握以下原则：

(1)保证电网安全。

只有保证电网安全，才能够避免电网崩溃引起的大面积停电和带来的巨大经济损失，最大程度保证用户用电。

(2)统筹兼顾。

统筹兼顾就是在调整负荷时，要考虑各种因素，照顾到各方面的利益。既要服从电网的需求，又要考虑用户的可能条件，不能搞平均主义。要根据电力供应的实际能力，结合各个用户的用电特点，合理调度、统筹安排。

(3)保住重点。

调整负荷时要以国家利益为重，优先保证居民用电，优先保证各级重点企业和一类负荷的企业用电。

(4)兼顾生活习惯。

在日负荷中的晚高峰时段，要尽力照顾居民的生活照明；应尽量减少对居民生活的影响。

(5)明确限电和其他负荷调整手段的关系。

一般的调整负荷手段通过改变部分负荷用电时间，错开用电高峰，没有限制用电量。拉闸限电是负荷调整中的一项重要手段，也是最直接有效的手段。和其他手段相比，损失了电量，对居民生活和企业生产影响大，而且难以做到有序控制，应尽量避免使用。但是因负荷缺口较大，或对于电网安全有直接影响时，应果断采取拉闸限电手段。

6.2　负荷调整方法

负荷调整包括日负荷调整、周负荷调整、年负荷调整。实施负荷调整必须采用多种手段，这些手段方法必须遵循有关法律法规，包括政策性负荷调整方法和技术性负荷调整方法。

6.2.1　政策性负荷调整方法。

(1)通过电价手段。

(2)其他政策性负荷调整方法。

6.2.2　技术性负荷调整方法。

(1)改变用户用电方式。

(2)节能政策使用。

(3)拉闸限电。

项目七　电压调整的原则及方法

7.1　电压调整的原则

电网的无功补偿实行分(电压)层和分(供电)区就地平衡的原则。在电压的调整上，也应该按照分层平衡和地区供电网络无功电力就地平衡原则，并应能随负荷或电压进行调整，保证系统各枢纽点的电压在正常和事故后均能满足规定的要求，避免经长距离线路或多级变压器传送无功功率。

7.2　电压监测点

电压监测点指电网中可反映电压水平的主要负荷供电点以及某些有代表性的发电厂、

变电站。只要这些点的电压质量符合要求，其他各点的电压质量也就能基本满足要求。一般电压监测点的设置原则为：

(1)与主网直接相连的发电厂高压母线电压。

(2)各级调度“界面”处的变电站及一次母线电压和二次母线电压。

(3)所有变电站母线电压及具有代表性的用户的用电电压。

7.3　电压中枢点

电网中重要的电压支撑点称为电压中枢点，电压中枢点一定是电压检测点，而电压检测点却不一定是电压中枢点。因此电网的电压调整也就转化为监视、控制各电压中枢点的电压偏移不越出给定范围(规定值的 ±5%)。一般电压中枢点选择原则为：

(1)区域性水、火电厂的高压母线(高压母线有多回出线)。

(2)母线短路容量较大的220kV变电站母线。

(3)带有大量负荷的变电站。

7.4　具体调整方法

(1)增减发电机、调相机的无功出力。

(2)投退补偿电容、补偿电抗及其他无功储备。

(3)调整运行方式，转移负荷。

(4)特殊情况下采用调整用电负荷或限电的方法。

(5)改变变压器分接头调压。

要注意的是，提高电压时，一般是先将电压最低地区的电厂及无功补偿设备调至最大，其中尤应以从低到高的电压顺序优先投入电容器为原则，并按此顺序由受端电网到主电网的方向逐步调整，从而维持的稳定也优先于一个较高的电压水平；降低电压时，调压顺序与提高电压时相反，即首先降低主网电厂及中枢点的电压，然后再减少地区电厂的无功功率，此时若电网电压依然偏高，则按从高电压等级到低电压等级的顺序切除无功补偿设备。

单元二　电网调控管理

模块一　调度管理

电网调度管理是指电网调度机构为确保电网安全、优质、经济运行，以及有关规定对电网生产运行、电网调度系统及其人员职务活动所进行的管理。一般包括调度运行管理、调度计划管理、继电保护和安全自动装置管理、电网调度自动化管理、电力通信管理、调度系统人员培训管理等。

项目一　调度指令

1.1　调度指令制度

1.1.1　电力调度调度员在值班期间负责电网运行、操作及事故处理的指挥，按照调管范围行使指挥权。对上接受地调值班员的指令，对下向变电站值班长和正值值班员、大用户调度员发布调度指令。

1.1.2　调度系统的值班人员，接受上级调度机构值班调度员指令后，应复诵调度指令，经核实无误后方可执行。若执行该指令确将危及人身、设备或者电网安全时，值班人员应当拒绝执行，同时将拒绝执行的理由及改正指令内容的建议报告发令的值班调度员和本单位领导人，否则不应以任何借口拒绝、拖延执行调度指令或者不执行调度指令。执行后立即汇报执行情况，不汇报不算执行完毕。调度指令发布人和受令人双方都要录音并做记录。

1.1.3　发布调度指令时，发令人和受令人应先互报单位和姓名，使用电网调度规范用语和普通话。发令人对其发布的调度指令的正确性负责，受令人对其执行调度指令的正确性负责。

1.1.4　电网管理部门的领导发布的一切有关调度业务指示，应通过调度机构负责人转达给值班调度员。

1.1.5　任何单位和个人，不应干预调度系统的值班人员发布或者执行调度指令。调度系统的值班人员依法执行公务，受法律保护，并承担相应的责任，有权力和义务拒绝各种非法干预。

1.1.6　违背或拒不执行调度指令，受令人应承担由此引起的一切后果。如受令人受自己行政领导干预不执行调度指令，或者不执行调度指令的相关领导人均应当对此负责并承担由此引起的后果。

1.1.7　未获相应调度机构值班员的指令，变电站或者下级调度机构的值班人员均不得操作上级调度管辖范围内设备。若遇有危及人身、设备以及电网安全的情况时，变电站值班人员应当按照有关规定先行处理，然后立即报告有关值班调度员。

1.1.8　当出现了威胁电网安全，不采取紧急措施就可能造成严重后果的情况时，值班调度员可以越级向管辖的变电站等运行单位发布调度指令，受令人应立即执行。

1.1.9　有权接受调度指令的调度系统值班人员名单应报电调，调度值班人员名单应通知相关调度机构和有关运行值班单位。

1.1.10　不按调度指令用电的电力用户，值班调度人员应暂时部分或全部停止向该用户供电。

1.2　调度操作指令

1.2.1　逐项指令：涉及两个及以上单位的操作(如线路操作)，电调值班员按项目顺序逐项下达操作指令，受令人按照单项指令的内容执行一项操作或一连串操作。完成该指令操作后立即汇报，下一步操作需要再得到指令才可进行。在逐项指令中可以包含综合指令。

1.2.2　综合指令：只涉及一个单位(无须其他单位配合)的操作。一般包含有综合在一起的若干项一次(或一、二次混合)操作任务，值班调度员只下达操作任务。其具体的逐项操作步骤、内容以及安全措施等，均由受令人自行拟定。

1.2.3　即时指令：故障处置、单一操作项目时使用。如断、合单一开关或刀闸(含地刀闸)，限电拉闸，继电保护和自动装置投退，下达或更改日调度计划等。

1.2.4　许可操作指令：只涉及一个单位且对主网运行方式影响不大的操作(或委托用户的操作)，经地调值班调度员许可后即可操作。操作的正确性、工作的安全性以及保护投、退的合理性，均由受令人负责。

许可操作适用于以下操作项目：电调调度的用户负荷切换，用户调度的35kV设备与主网短时合、解环操作等。

1.3　操作指令注意事项

1.3.1　许可操作中的注意事项：

● 许可操作的申请：按日计划安排或应现场临时缺陷处理的要求，现场运行值班人员准备好操作票后，向值班调度员说明停电任务和停电范围，申请许可操作，值班调度员确认电网运行状态允许时，下达“调度许可”指令；

● 许可操作的中止：现场运行值班人员在操作中涉及投退保护，需要其他操作单位配合或现场规定的其他情况时，应暂停操作与调度联系，待调度再次许可后，方可继续操作。操作过程中发生异常时，应立即中止操作向调度汇报；

● 许可操作的终结：现场操作完毕后，向调度汇报现场操作已全部终结，由值班调度员认可该项操作全部终结。双方应将操作任务、操作许可和终结时间记入操作记录簿。

1.3.2　综合指令、逐项指令的操作，调度应分别填写调度综合命令票，受令单位要按现场规定填写操作票。即时指令的操作，调度和受令操作单位可不填写操作票。许可操作的指令，调度不填写操作票，由操作单位按规定填写详细的操作票。任何形式的指令、发令、受令后的复诵以及执行的汇报，操作前后的联系等，发、受令双方都应录音，并做记录。

项目二　调度术语

为规范电网调度运行工作，保障电网的安全运行，进一步提升电网调度运行管理水平，提高工作质量、效率，结合油田电网的特点，参照“河南电网常用调度术语”，规范了调度指挥工作用语。

2.1　冠语

2.1.1　濮阳地调×××。

2.1.2　油田电调×××。

2.1.3　××项目部×××。

2.1.4　××电厂×××。

2.1.5　××变电站×××。

2.2　常用设备名称术语

2.2.1　机：汽轮机、水轮机及燃气发电机组的统称。

2.2.2　炉：锅炉。

2.2.3　变：变压器。

2.2.4　主变：发电厂、变电站的主变压器。

2.2.5　××线：××输电线路。

2.2.6　开关：各种类型(空气、油、六氟化硫等)断路器的统称。

2.2.7　刀闸：各种形式隔离开关。

2.2.8　地刀：用于把设备与地网连接的刀闸。

2.2.9　中地：发电机、变压器中性点接地刀闸。

2.2.10　保护：保护各种设备安全的装置。

2.2.11　保险：各种类型的熔断器。

2.2.12　CT(LH)：电流互感器。

2.2.13　PT(YH)：电压互感器。

2.3　操作术语

2.3.1　变压器。

(1)将××变××侧分接头由×挡调到×挡：按要求调整变压器某分接头位置，并保证接触可靠，非带负荷调压变压器要停电调整。

(2)用××开关对××变压器全压冲击：对新投入或大修后的变压器以××开关接通系统电压直接冲击试验。

(3)用××开关对××变压器充电运行：投入变压器一侧××开关，变压器空载运行。

2.3.2　开关、刀闸。

(1)合上××开关：使××开关由分闸位置转为合闸位置。

(2)断开××开关：使××开关由合闸位置转为分闸位置。

(3)开关跳闸：未经操作，开关三相同时转为分闸。

(4)×点×分××线路强送成功(或不成功)：线路故障跳闸后未搞清楚故障是否消除，合上线路开关强行送电开关未再跳闸(开关再跳闸)。

(5)×点×分××开关跳闸、重合闸没动：××开关跳闸后，重合闸装置没动作。

(6)×点×分××开关跳闸三相重合成功(或不成功)：开关投三相或综合重合闸，故障跳闸后三相自动合上未再跳闸(或自动合上又三相跳闸)。

(7)×点×分××开关×相跳闸重合成功(或不成功)：××开关×相跳闸后自动合上未再跳闸(×相自动合上后又三相跳闸)。

(8)开关慢分：由于开关的操作机构异常引起开关触头慢速分离开断。

(9)×点×分××开关合闸(或跳闸)闭锁：由于开关的操作机构控制油(气)压低于规定值，为防止开关合闸、跳闸速度缓慢而爆炸，自动切断跳、合闸回路。

(10)×点×分××开关重合闸闭锁：由于开关的操作机构控制气压低于规定值，为防止开关合闸、跳闸速度缓慢而爆炸，自动切断重合闸回路。

(11)推上(合上)刀闸：刀闸由断开位置转为接通位置。

(12)拉开刀闸：由接通位置转为断开位置。

(13)刀闸未合到位：刀闸的动静触头没达到正常的合闸位置，接触不好。

2.3.3　线路、系统。

(1)线路强送电：线路事故跳闸后未经巡线或没发现明显问题而强行送电。

(2)线路试送电：线路故障消除后的送电。

(3)线路充电运行：线路一端开关加入运行、另一端开关断开。

(4)联络线：线路两端都有电源。

(5)馈线：单电源负荷线路。

(6)带电巡视：对带电或停运但未做安全措施的线路巡线。

(7)停电巡线：线路已停电、并挂好地线的情况下巡线。

(8)事故带电巡线：线路事故后查明原因的巡线。

(9)特巡：对带电线路在暴风雨、覆冰、河开冻、水灾、大负荷、地震等情况下巡线。

(10)带电接线(或拆线)：设备带电状态下接通(或拆开)短接线。

(11)接(拆)引线：将设备引线或架空线的跨接线接通(或拆除)。

(12)波动：电力系统受干扰，电压发生瞬间下降或上升后立即恢复正常。

(13)线路潮流：线路的有功、无功功率。

2.3.4　用电。

(1)用户限电：通知用户限制用电负荷。

(2)拉闸限电：拉开线路开关使用户停电。

(3)保安电力：保证人身和设备安全的电力。

(4)按指标用电：按调度分配的用电指标用电，不准超用。

(5)限去超用负荷：按指定时间切除超出指标的用电负荷。

(6)工业让峰：工业用户高峰时段限制用电。

(7)工业错(避)峰：非连续工业用户避开高峰时段用电。

2.3.5 继电保护及自动装置。

(1)投入××设备××保护：将保护由停用或信号位置改为跳闸位置。

(2)将××设备××保护改投信号：将保护由停用或跳闸位置改为信号位置。

(3)××设备××保护更改定值：将××设备××保护按保护定值变更通知单或调度指令进行更改。

(4)××设备××保护改跳××开关：将××设备的保护改为不跳本设备开关而跳其他开关。

(5)××保护定值区调整：将××保护定值区由×区调整至×区。

2.3.6 设备状态。

(1)充电备用：线路、变压器一侧开关投入而另一侧开关处于备用状态，具备随时投运条件。

(2)送电：对设备充电、投运并可接带负荷。

(3)备用：设备处于完好状态随时可以投入。

(4)热备用：机组、线路、母线等电气设备回路连接完整但开关断开，相关接地刀闸断开，随时可以投入运行。

(5)冷备用：线路、母线等电气设备的开关断开，其两侧刀闸和相关接地刀闸处于断开位置，或启动需用时间较长的机组。

(6)停电备用：断开开关使设备不带电。

(7)停电检修：设备停电，并做好了安全措施，处于检修状态。

(8)停运调峰：为了保持系统频率合格将机组低谷停运，高峰前并网。

(9)设备大(小)修：按规程或厂家规定的检修周期进行的检修。

(10)事故抢修：因设备故障进行的检修。

2.3.7 电网操作。

(1)合环：合上网络内某开关(刀闸)使网络成为环路运行。

(2)解除同期闭锁合环：不经同期闭锁的直接合环。

(3)解环：断开环状电网中的某开关(刀闸)。

(4)定相：(新建、改建的)线路、变电站母线在投运前分相依次送电核对A、B、C相标志与运行系统一致的工作。

(5)核相：(新建、改建的)线路、变电站母线在投运前核对A、B、C相序与运行系统一致的工作。

(6)相位相同：开关(刀闸)两侧 A、B、C 三相均对应相同。

(7)解列：将一个电网分成两个电气相互独立的部分运行。

2.3.8 综合指令术语及含意。

(1)××开关解备拉开××开关两侧刀闸。

(2)查××开关间隔无安措，××开关恢备用：检查开关两侧及开关甲刀闸线路侧均无安全措施，推上开关两侧刀闸，投入保护跳闸压板，ZCH 按调度指令执行。

(3)用××开关由××母经××母代××开关运行，然后将××开关停运解备作安措：先对旁母充电，正常后用旁路(或母联兼旁路)开关转代该开关，接带负荷正常后，被带开关断开，拉开两侧刀闸，按规定做安全措施。

(4)××开关拆除安措恢备投运，××开关停运，拉开××旁刀闸：拆除该开关所做安全措施，投入保护跳闸压板，推上开关两侧刀闸并将开关加入运行，被转代开关接带负荷正常后，断开旁路(或母联)开关，拉开被代开关旁刀闸。

(5)××开关解备线路侧做安措：拉开××开关两侧刀闸，在该开关甲刀闸线路侧做安全措施。

(6)××开关线路侧拆除安措恢备：拆除甲刀闸线路侧安全措施，推上开关两侧刀闸，投入保护跳闸压板，ZCH 按调度指令执行。

(7)××消弧线圈停运解备做安措：断开××开关，拉开两侧刀闸，按规定做安全措施。

(8)××消弧线圈拆除安措恢备投运：拆除消弧线圈所做安全措施，推上两侧刀闸，合上该开关。

(9)××主变停运转备用：操作 110kV 及以上系统，先推上中性点地刀闸，按低、中、高压顺序断开变压器各侧开关，具备随时加入运行的条件。

(10)××主变投运(空运)：操作 110kV 及以上系统，先推上中性点地刀闸，合上高压侧开关。

(11)××主变停运解备：操作 110V 及上系统，先推上变压器中性点地刀闸，按低、中、高压顺序断开变压器各侧开关后并依此序解备各侧开关，退出有关规定中应退的保护压板，相关 110V 母差保护按规定方式投入。

(12)查××主变间隔无安措，××主变恢备投运(空运)：查变压器各侧安全措施已拆除，核对各侧分接头位置，投入保护跳闸压板，推上 110V 及以上系统中性点地刀闸，将各侧开关恢复相应的母线备用，合上主变高压侧开关，主变中性点接地方式按规定变更，相关保护投入方式按规定调整。

(13)××千伏×母停运解备。

双母线：将该运行母线上所有运行和备用元件倒另一母线，母差保护按规定切换，断开母联开关及刀闸，断开PT表刀闸及二次开关(保险)，母线作安全措施。

单母线：断开该母线上所有的开关及刀闸，断开PT表刀闸及二次保险(开关)。

(14)×母所有元件倒××母运行，×母停运解备：双母线上，将运行母线上所有运行和备用元件倒另一母线，母差保护按规定切换，断开母联开关及刀闸，断开PT表刀闸及二次开关(保险)。

(15)××千伏×母拆除安措恢备投运，倒正常运行方式：拆除该母线所有安措，推上母线PT表刀闸，将母联(分段)开关恢复备用，选择有充电保护的开关对检修母线充电，按规定倒双母线运行方式，母差保护按规定方式投入。

(16)××千伏×母投运：将××千伏×母线进出线开关投运，选择有充电保护的开关对检修母线充电。

(17)××千伏×母停运解备：将××千伏×母线进出线开关停运，拉开与该母线相连各开关间隔刀闸，断开PT表刀闸及二次开关(保险)。

(18)查××千伏×母间隔无安措，××千伏×母恢备投运：检查母线各间隔均无安全措施，推上母线PT表刀闸，将母联(分段)开关恢复备用，选择有充电保护的开关对检修母线充电，按规定倒双母线运行方式，母差保护按规定方式投入。

(19)拉开××刀闸：将符合刀闸操作规定的刀闸由合上位置操作至拉开位置。

(20)合上××刀闸：将符合刀闸操作规定的刀闸由拉开位置操作至合上位置。

项目三　电网调度计划的管理和编制

3.1　管理和编制的原则

3.1.1　电网调度计划(运行方式，以下简称调度计划)的编制按年、月、周、日编制，长期计划是编制短期计划的依据。

3.1.2　电网调度计划包括电力电量的平衡，运行方式安排、输变配电设备检修、新设备启动安排等内容。

3.1.3　编制调度计划应综合考虑社会用电需求、检修计划和电力系统设备能力等因素，并保留必要的备用容量。

3.1.4　各供电、修试单位应按有关规程、导则、规定对所辖设备的检修统筹安排，优化停电配合方案，尽可能避免重复停运，在规定的检修周期内同一设备原则上只安排一次，并应维护调度计划管理的严肃性。调度计划下达后，应准时完成各项任务，非安全原因不做调整。

3.1.5　地调调度管辖的线路、变电站设备的检修、改造工作，由设备运行维护单位、进网作业改造单位通过电调向地调申报工作申请。

3.1.6　各大用户应结合电调计划按调度规程编制各自调度计划。

3.1.7　电调值班员可根据电网运行情况调整本调度机构下达的日调度计划，但应经调度计划专责、调度机构负责人同意，并将调整原因和内容向有关单位通报，并填入调度日志。

3.2　计划注意事项

3.2.1　设备检修分为计划检修、临时检修和事故抢修。电调管辖范围内设备的计划检修和临时检修工作均应列入日调度计划内。

3.2.2　在编制日调度计划时，计划专责应充分考虑电网运行方式、潮流分布、供电可靠性、通信和远动装置的运行。日调度计划应尽量避开运行人员的交接班时间和负荷高峰期。

3.2.3　临时检修一般不予安排，必要时由检修单位提出书面申请，经主管调度生产的领导批准后，纳入日调度计划管理。

3.2.4　检修单位对已批准的检修工作应保质、保量按期完成。如果设备在检修中发生意外情况不能按期完成时，应在原定完工前2h向电调提出延期申请。

3.2.5　设备跳闸或紧急停运，可不办理工作票，由电调值班员及时安排处理，但必须履行工作许可手续。事故抢修时间超过4h的，应办理工作票，并履行正常的许可手续。

3.2.6　日调度计划安排的时间为计划检修工作申请时间，具体停电操作时间在调度计划里另外注明。

3.2.7　填用第二种工作票的工作，不履行上述时间要求。但带电作业开工前，应与电调联系，工作结束后，及时汇报电调。电调应做好相关记录。

项目四　电网电能质量和负荷管理

4.1　频率

4.1.1　电力系统频率标准是50Hz，其偏差不应超过±0.2Hz。实际运行中按±0.1Hz控制。

4.1.2　电调应积极配合地调管理系统频率，使系统频率符合标准。当频率偏差超过规定时，应按地调要求及时调整负荷。

4.1.3　电调应根据油田电网运行情况的需要和用户特点编制事故及超计划用电《油田电网限电序位表》和《事故拉闸顺序》，经生产运行管理部批准后执行。《油田电网限电序位表》每年 12 月修订一次。

4.2　电压

4.2.1　电力系统无功和电压的调整、控制和管理，由调控机构按调度管辖范围分级负责。

4.2.2　油田电网与地区电网之间、油田电网与发电厂之间的无功电力交换实行“界面功率因数”控制并考核。

4.2.3　35kV 及以上电压等级的厂站均为油田电网的电压考核点和电压监测点。

4.2.4　为了保证电网电压质量，各变电站母线电压(无功)曲线或上下限值进行控制：

- 110kV 母线：108 ~ 115kV。
- 110kV 站 35kV 母线：35 ~ 38.5kV。
- 35kV 站 35kV 母线：33.25 ~ 36.75kV。
- 6kV 母线：6 ~ 6.7kV。

4.2.5　油田电网安装的无功补偿设备的投退及主变调压分接开关的调整，按调度权限和设备归属实行分层分区管理、就地平衡的原则。

4.2.6　各级运行值班人员应经常监视母线电压，根据电压变化的趋向及时汇报电调采取调压措施，确保系统电压在合格范围内，调压时应综合考虑系统电压与无功功率平衡。调整电压的方法有以下几种：

(1)投、退无功补偿设备。

(2)调整变压器的分接开关挡位。

(3)改变系统运行方式，如投退变压器、改变电源点等。

(4)限制部分负荷。

(5)汇报地调协助调整。

4.2.7　变电站无载调压变压器分接开关挡位由运行专责整定，有载调压变压器分接开关挡位由电调值班员负责整定，由用户自调的变压器分接开关挡位由用户负责调节。

4.3　谐波

4.3.1　35kV 以上电网中任一点的电压波形畸变率不得超过国家有关标准规定的极限值。

4.3.2 新接入电网设备引起谐波，经采取措施后，仍未消减到规定值以下时，应将该设备退出运行并进行改造。

项目五　继电保护和安全自动装置管理

继电保护与安全自动装置是保证电网安全稳定运行、保护电气设备的主要装置，是电网的重要组成部分，是保障电网安全稳定运行的3道防线。电调是电网电力系统继电保护技术管理的职能机构，同时也是生产第一线的业务部门，负责油田电网系统继电保护和安全自动装置整定计算与运行管理等工作。

3道防线分别是：继电保护、过载切机切负荷稳控装置、低频低压失步解列装置。

第1道防线：快速可靠的继电保护、有效的预防性控制措施，确保电网在发生常见的单一故障时保持电网稳定运行和电网的正常供电。

第2道防线：采用稳定控制装置及切机、切负荷等紧急控制措施，确保电网在发生概率较低的严重故障时能继续保持稳定运行。

第3道防线：设置失步解列、频率及电压紧急控制装置，当电网遇到概率很低的多重严重事故而稳定破坏时，依靠这些装置防止事故扩大，防止大面积停电。

5.1 电调调度员的继电保护运行职责

5.1.1 按调度管辖范围正确使用各种继电保护装置。

5.1.2 在处理事故或改变系统运行方式时，应考虑继电保护装置的相应改变。指挥系统操作时，应包括继电保护及安全自动装置的操作。

5.1.3 保护装置更改定值或新保护装置投入运行前，电调值班人员应与变电站运行值班人员进行整定值核对，无误后方可投入运行。

5.1.4 在系统发生事故及异常情况时，调度员应对开关及保护、安全自动装置动作情况了解清楚，详细记录。

5.1.5 根据系统稳定、运行方式及负荷情况提出对继电保护及安全自动装置的要求和建议。

5.1.6 监视调度管辖范围内电气设备或线路的负荷潮流，避免其超过保护整定值所允许的最大负荷电流。

5.2 变电站运行值班人员和继电保护工的继电保护运行职责

5.2.1 有关继电保护及二次回路的操作或工作，均应经电调调度员同意方可进行。继电保护的投入、退出、定值区切换等操作由运行人员负责进行。保护定值的更改、校验由继电保护工负责进行。

5.2.2　在保护装置及二次回路上工作前，运行值班人员应审查保护工作人员的工作票及安全措施，按工作票和现场实际情况做好安全措施。更改定值和变更接线应持有经批准的定值通知单和图纸，才允许工作。

5.2.3　继电保护工作完毕时，运行人员应进行验收，如检查拆动的接线、元件、端子是否恢复，试验中的临时线是否拆除，继电保护工作日志(检修交代记录)所写内容是否清楚、完整等。

5.2.4　保护装置更改定值后或新保护装置投入运行前，运行人员应根据定值单与电调值班员进行定值及有关事项核对，核对无误后方可投入运行。

5.2.5　值班运行人员必须按继电保护运行规程对保护装置及二次回路定期巡视；监视交流电压回路，使保护在任何时候不失去电压，监视电气设备或线路的负荷潮流，避免其超过保护整定值所允许的最大负荷电流，发现问题，及时汇报。

5.2.6　发现保护装置及二次回路存在缺陷及异常情况，应做好记录，通知继电保护人员及时处理。如发现保护装置有明显异常，可能引起误动作时，现场值班运行人员应作出正确判断，向电调汇报，并申请退出。

5.2.7　对继电保护及安全自动装置动作的开关、告警及故障录波等信号，运行人员应准确记录清楚，及时向电调汇报。

5.3　继电保护计算

5.3.1　保护装置的整定计算应结合油田电力系统和设备的实际情况，符合《3～110kV电网继电保护装置运行整定规程》(DL/T584)、中国石化有关规范、规定的要求；逻辑的整定应符合国家及行业有关继电保护整定规程、电力系统反事故措施要求，应满足设计图纸和整定值通知单的要求。

5.3.2　继电保护整定值应尽量考虑各种运行方式，计算保护定值应有定值计算书。如果正常运行方式下的保护定值不能满足某些检修方式时，在考虑了运行的安全性和实效性后，保护装置可整定多套定值，整定计算人员应注明定值允许的特殊运行方式。

5.3.3　年初或电网结构有较大变动时，电力调度室应及时与上级地方供电公司协商，要求提供归并的网络等值参数、分界点的阻抗、后备时限等，便于校核所辖设备的保护定值。

5.3.4　计算人负责收集、整理保护整定计算所需资料、参数，核对申请人提供的设备参数、配合定值等数据，对计算公式的准确性、合理性以及计算结果的正确性负责。

5.3.5　保护整定计算对一次设备参数有实测要求的，如施工单位或工程部门未能及时提供，可先用理论参数计算，在获得有关部门提供的实测参数后，应重新计算校核，保证定值的准确性。

5.3.6　整定计算过程中发现保护电流互感器或装置原因不能满足整定计算的技术或规程要求，计算人员应及时向项目管理部门反映并提出解决办法。

5.3.7　新建、扩建工程在保护装置投运前，施工单位将继电保护整定计算的有关资料(电气一次接线图、保护原理图、保护装置说明书、设备参数等)交到电力调度室，提供入网新设备完整资料的时间规定如下：

(1)110kV 及以上系统：新建线路、变电站工程应提前两个月；单一间隔改造应提前20个工作日。

(2)35kV 及以下系统：新建线路、变电站工程应提前一个月；单一间隔改造应提前10个工作日。

5.3.8　整定计算工作完成后，应保留计算稿及计算资料，分类存档，以备查询。

5.4　定值单管理

5.4.1　继电保护定值单应有计算人、审核人和批准人的签名后方为有效。

5.4.2　定值单应注明编号(编号唯一性)、签发日期及更改原因，同时对其他注意事项做好备注。为便于管理，保护定值单表头、编号等内容应能区分设备所在位置(变电站或开关站)、保护装置的型号和先后顺序。

5.4.3　继电保护定值单一式3份，一份由电力调度室存档管理，另两份分别由检修工区(继电保护班)和设备管理单位(变电站或开关站)存档保管。

(1)定值单的领取：调试人员在电力调度室保护工程师处领取继电保护定值单、定值调试回执单，并在定值单领取记录簿上登记。

(2)定期调试检修：调试人员领取2份定值单(检修、设备管理单位各1份)及1份回执单，调试人员调试完毕后，运行人员做好核对、验收工作，并汇报电力调度室。

(3)新设备投运调试：调试人员领取1份定值单及回执单，检修和运行人员根据此定值单进行核对、验收。调试中如因参数不一致需要调整定值，保护工程师经过调度值班员下令修改，调试人员在定值回执单上注明清楚，待投运后5个工作日重新出版新定值单并下发相关单位核对、保存归档。

(4)调试人员在调试工作结束后，应及时填写定值调试回执单，注明设备名称、调试情况等内容，并在5个工作日内回执电力调度室，电力调度室做好定值单的闭环管理工作。

5.4.4　定值单页面应清楚整洁、完整，内容应清楚、明了，任何涂改视为无效。

5.4.5　定值单执行过程中如有异议，执行人员应直接向计算人反映，如需更改，必须经定值计算人同意。未经定值计算人同意，任何人无权修改保护定值。

5.4.6　继电保护相关单位(主管部门、调试单位、设备管理单位)应妥善保管定值单，对已作废的定值单及时清理。

项目六　调度信息

重要事件汇报分为重要气象信息汇报、电网运行方式重大变化汇报、电网异常及事故汇报、运行操作及检修工作汇报、其他重要事件汇报，汇报形式分为电话汇报和短信汇报两种。

6.1　重要气象信息汇报

各变电站运维人员应充分发挥气象监测点的作用，遇有大风、雨雪、大雾等可能影响电网安全的恶劣天气，及时汇报。值班调度员在收到本地区相关厂站的气象情况汇报时，应及时向上级领导汇报，并通知相关单位做好防范措施。

汇报内容包括：具体天气状况、造成影响(如现场是否可以进行操作、是否影响设备正常巡视等)、可能持续时间、已对电网造成的影响(如设备污闪跳闸、线路舞动等情况)。如有气象台发布红色气象预警，相关单位应加强跟踪监视，每1h向电调汇报一次。

6.2　电网运行方式重大变化汇报

遇有电网运行方式发生重大变化等，可能造成相关输变电设备过载；局部电网运行方式薄弱，可能造成对用户停电等情况，应在方式变化前及时汇报。

汇报内容包括方式变化情况、电网主要薄弱环节、采取的相关措施等。

6.3　电网异常及事故汇报

6.3.1　设备维护管理单位发现运行设备缺陷或异常，可能影响安全运行的，应立即将核查现场情况汇报值班调度员，值班调度员向上级汇报，同时做好防范处理，以及通知变电站运维人员进行核查。

汇报内容包括：设备运行情况、缺陷或异常情况、可能造成的影响、联系相关部门进行抢修的情况等。

6.3.2　变电站运行值班人员、线路维护人员发现运行设备缺陷或异常，可能影响安全运行的，应立即汇报。

6.3.3　变电站运行值班人员在发生电网或设备事故时，应第一时间内汇报变电站电压、频率、主要设备潮流、开关跳闸情况、保护动作情况、主要设备检查情况等内容，有详细检查结果后应再进行具体汇报。

6.3.4　线路跳闸故障处置基本完成，地区电网恢复稳定后，应及时汇报事故情况。

汇报内容包括：事件发生的时间、地点、背景情况；事件经过、保护及安全自动装置动作情况；重要设备损坏情况、对社会及重要用户影响情况；负荷损失及系统恢复情况等。

6.4　运行操作及检修工作汇报

变电站进行计划检修工作中，若出现临时增加工作内容，必须在工作进行前向电调调度计划专责汇报新增工作内容，并向当值调度员汇报新增工作项目、工期，对一次、二次设备影响，是否需要安排特殊方式送电等内容，在得到值班调度员同意后方可进行。

6.5　其他重要事件汇报

6.5.1　重要保电事项。本地区有重要保电事项时，调度值班员应提前2 ~3个工作日将相关情况汇报上级。包括保电内容、日期、相关要求等。

6.5.2　较大负荷波动。值班调度员应立即或处理后及时汇报，说明负荷波动原因、幅度、时间等。

6.5.3　生产运行单位在电网运行过程中发生的重大人身伤亡事故。

6.5.4　水灾、火灾、风灾、地震、冰冻等自然灾害及外力破坏等对电力生产造成重大影响的事件。

6.5.5　严重违反调度纪律和规程规定的事件。

模块二　调度日常事务

项目一　调度员值班制度

1.1　按调度班长排定的轮值表进行值班，因事、因病请假或换班需履行相关手续，不得擅离职守，不得连班。

1.2　不得酒后上岗，遵守调度纪律，正确、及时执行上级调度及有关领导的指示。

1.3　文明值班，下达指令使用调度术语，声音洪亮、态度和蔼、吐字清楚，主动报姓名，监督受令人复诵。

1.4　调度台上整齐、干净，不放与值班无关的物品，不在调度室吸烟，夜班交班前打扫调度室卫生。

1.5　严格执行电网调度重大事件汇报制度，发现系统故障、系统发生潮流摆动或振荡、电调管辖范围内设备非计划停运申请、用户管辖设备异常造成主网设备损坏或大面积停电、重要用户停电，值班调度员均要及时汇报调度中心主任及有关领导。

1.6　根据系统运行方式针对薄弱环节，做好事故预想，保证在系统发生事故时能及时果断处理并及时向调度班长、调度中心主任及有关领导汇报。

1.7　系统发生事故时，非值班人员应主动离开调度室，处领导或中心领导，生产、技术、安全部门领导以及调度大班人员可留在调度室，监督事故处理的正确性。上述领导和专业人员对事故处理的指示，应通过调度主任传达给调度员。若处领导或调度中心领导认为调度员处理事故能力不足，可暂时解除其调度职权，由处领导或调度中心领导指派他人指挥事故处理。

1.8　调度指令的录音保留6个月。未经调度中心负责人批准，不准私自对任何人放音、转录。

1.9　处理事故时若发生通信中断，及时通知通信值班员，必要时采取其他方式，迅速与事故单位取得联系。值班期间发现调度自动化系统、调度模拟屏、调度总机异常时，及时通知班长及自动化负责人。

1.10　值班期间对调度室的资料分类、定位、存放、妥善保管。下达到调度室的文件、资料均应填入资料登记簿内。图纸、记录、报表等资料未经班长批准，不得私自外借。

1.11　在值班期间不许会客，非值班人员不得随便进入调度室。当有人员参观时，应由调度中心派专人负责接待，值班调度员应坚守岗位，并根据要求向参观人员介绍系统有关情况。

1.12　认真贯彻执行《电力法》《电网调度管理条例》等电力法律法规，努力做好优质服务工作。

项目二　调度员交接班制度

2.1　交班者提前做好交班的准备工作，结束操作，恢复临时变更的方式，为下一班的操作创造有利条件，核对电网模拟盘使其符合实际，认真整理打印交接班记录，打扫卫生，保持调度室整洁。

2.2　接班者提前15min(春检时提前45min)到调度室了解情况，查阅值班记录及日调度计划，掌握线路潮流特点、方式变化、设备检修情况、检修工作票、主要设备存在问题以及当班要完成的工作。

2.3　正常情况交班者提前5min向接班者交代下列情况(全体交接班人员参加，当班正值班主讲，副值补充，接班副值记录)：

2.3.1　全面介绍日调度计划执行情况及下一班要完成的工作。

2.3.2　电网结构变化情况、潮流分布特点，注意事项，电网稳定方面的薄弱环节。

2.3.3　特殊继电保护及自动装置投退情况，存在的问题及下一班应注意的问题。

2.3.4　详细交代电网故障、检修情况，包括检修结束日期、安全措施、工作单位、工作内容、送电时的注意事项。

2.3.5　上级指示、日调度计划变更、重大活动的保供电情况、经传阅的文件、资料及有关单位联系事项、当值做的各种记录、报表情况。

2.3.6　调度自动化、调度总机、模拟屏运行的异常点。

2.3.7　详细解答接班者所提出的疑问。

2.4　正常情况，准时交接班签字。接班者认为达到接班条件，由正值发接班指令，接班者在值班记录上亲自签名，然后由交班者签名。以交班正值调度员签名的时间为办完交接班手续的时间。

2.5　交接班手续刚办完即发生系统事故，交班人员应协助接班人员处理，但无权下达指令。若交班人员尚未签字，虽然接班人员已签过字，此时若发生系统事故，事故处理的指挥人仍为交班人员，接班人员协助处理。

2.6　接班后调度员应主动与地调、主要变电站值班员互通姓名，了解系统运行情况，向有关单位布置操作任务，讲清系统运行方式的变化及注意事项。

2.7　符合下列条件之一，应延迟交接班：

2.7.1　逐项操作和其他重要操作正在进行。

2.7.2　事故处理未结束。

2.7.3　接班者未到齐。

2.7.4　系统发生摆动或振荡。

2.7.5　接班者的疑问未搞清楚。

项目三　调度员培训制度

3.1　调度员应具有大专及以上学历，从变电站值班员等人员中挑选，经实习考试合格，并经过严格的考评后担任。

3.2　调度员培养须经过现场实习及考试合格、实习副值调度员跟班及考试合格、实习正值调度员跟班及考试合格3个阶段，才能获得独立值班调度员资格。

3.3　副值调度员正式值班前，现场培训一般不少于4～6个月，跟班实习不少于3个月，经电力调度室主任主持考试，成绩优秀者由管理处总工批准，才可正式担任副值值班员。

3.4　正值值班员正式值班前，副值值班不少于半年，熟悉油田的结构特点、运行操作和事故处理技能、现场设备性能和继电保护自动装置配备和应用，在经验丰富的正值调度员监护下，实习正值不少于3个月，经调度中心主任主持考试，成绩优秀后，由管理处总工批准，才可正式担任正值值班员。正、副值调度员准许值班的任命应及时通知地调及电调调度的所有单位。

3.5　培训内容：

3.5.1　新设备投运前，学习掌握启动措施，条件允许时赴现场熟悉设备。

3.5.2　根据设备变更、电网存在问题，定期到变电站熟悉情况，回来后写出学习报告，进行交流。

3.5.3　参加地调和管理组织的技术培训。

3.5.4　参加与调度专业有关的学习班、研讨会，调度员脱产学习每年不少于15d。

3.5.5　正、副值在见习期无权发布调度指令，实习期可以在相应值班调度员的监护下，进行相应的调度工作，监护者对实习者的全部工作的正确性负责。

3.6　调度员考试内容及时间：

3.6.1　《国家电网公司安全工作规程》，每年春检前。

3.6.2 《中原油田电力调度规程》，每年国庆节前。

3.6.3 《电力法》《电网调度管理条例》及有关电业法规，每两年1次。

3.6.4 脱离值班1个月以上，再回岗位值班前，应先跟班实习，熟悉运行状况，掌握系统变更，了解曾发生的重大事故等，必要时由调度班长进行讲解、考问。一般情况跟班实习一个或两个班，情况熟悉后才能上岗。

3.7 调度员应参加下列业务活动：

3.7.1 周一安全活动、事故分析、技术讨论会、与业务教育有关的会议。

3.7.2 事故预想及反事故演习。

3.7.3 调度知识竞赛。

3.7.4 学习并贯彻反事故措施，学习事故通报。

项目四 电网监控

4.1 启动系统

启动系统时在工作站桌面上点击【启动系统】的图标，运行【启动系统】后约1mim左右，桌面上会出现“总控台”和“实时告警客户端”两个窗口，总控台如图2－1所示。

图2－1 总控台

4.2 进入主界面

在总控台上点击【画面显示】图标按钮，进入“智能电网调度技术支持系统”主界面，如图2－2所示。

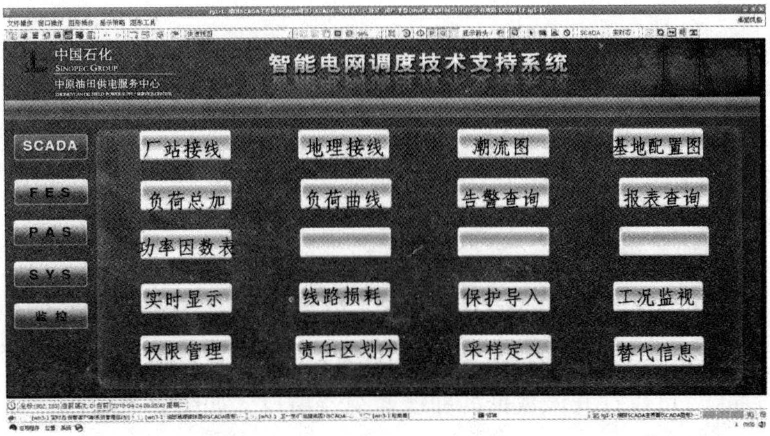

图2－2 智能电网调度系统主界面

点击【厂站接线】图标进入“中原油田厂站目录页面”，选择要监控的厂站：如【卫一变】，进入“卫一变”的一次接线图。

也可以从“智能电网调度技术支持系统”主界面点击【地理接线】进入“中原油田地理接线图”，在“中原油田地理接线图”中可以点击想要监控的厂站，进入该厂站的一次接线图。

4.3 厂站电网信息监控

进入一个厂站的一次接线图，可以对该厂站的设备运行信息进行监控，如图2－3所示。从一次接线图中我们可以监视所有设备的实时运行数据：有功、无功、电流、功率因数、母线电压等 。

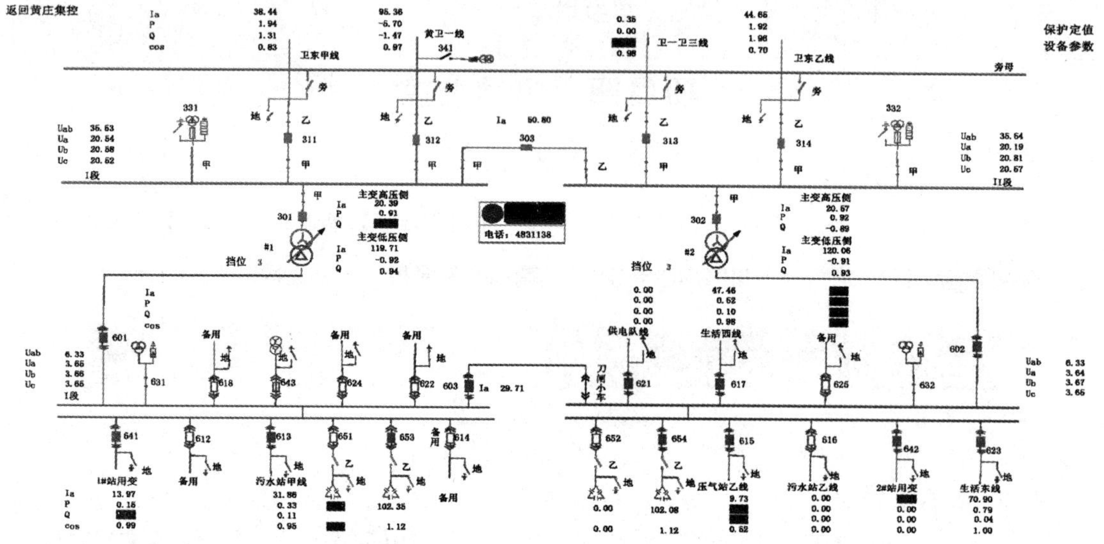

图2－3 卫一变一次接线图

4.4 间隔图

点击厂站一次接线图的双编号如“311”“1#主变”，进入间隔图，如图2－4所示。在间隔图中可以看到更多的设备信息。

4.5 曲线查看

4.5.1 打开曲线监视器。

在厂站一次接线图中，用鼠标点中一个设备数据：有功、电流值等，点击鼠标右键出现下拉菜单，如图2－5所示。

选中【今日曲线】可以打开该数据的曲线监视器窗口，如图2－6所示。

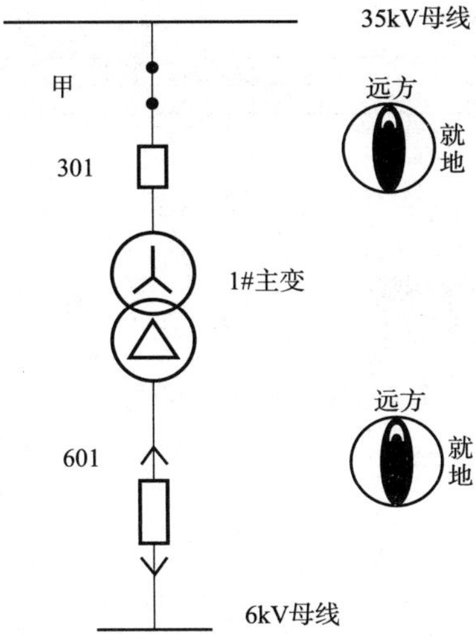

图 2－4　卫一变 1#主变间隔图

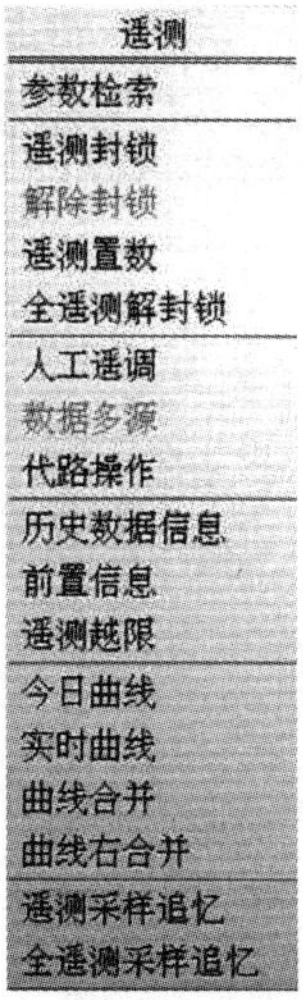

图 2－5　右键菜单

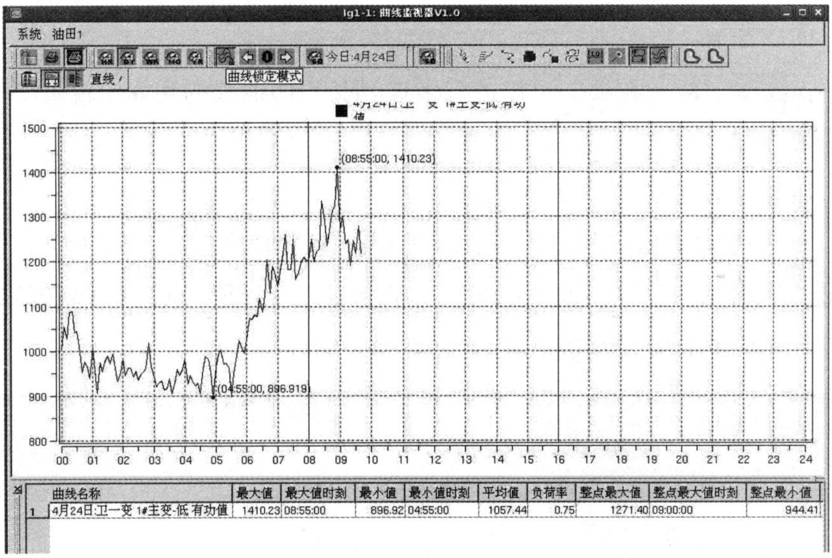

图 2－6　今日曲线

可以查看该数据的时曲线、日曲线、周曲线、月曲线、年曲线。

4.5.2　历史曲线查看。

在打开的曲线监视器窗口中点击图标 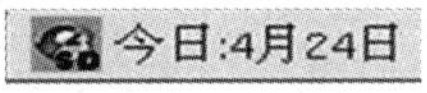 可以查看历史数据曲线，如图 2－7 所示。

通过点击图标  可以查看时曲线、日曲线、周曲线、月曲线、年曲线。

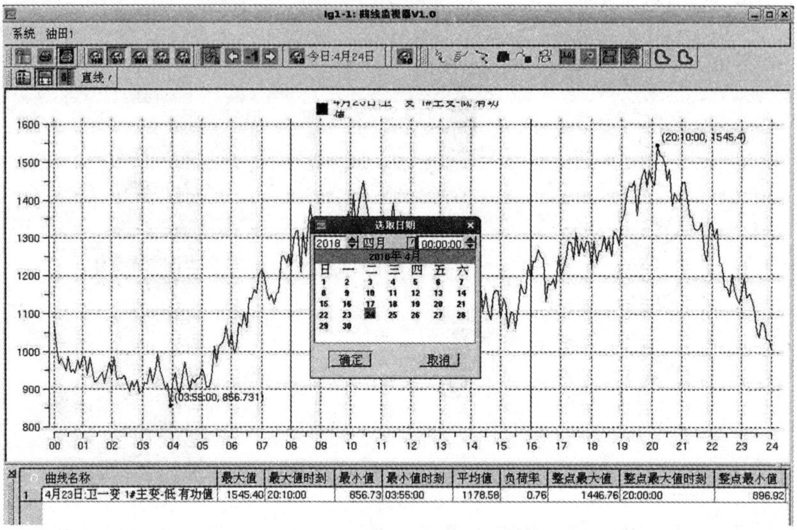

图2-7　历史数据曲线

4.5.3　曲线叠加。

点击图标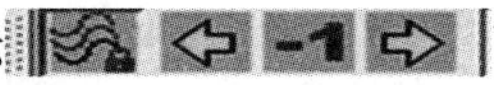可以进行多日(周、月)曲线的叠加比较。

4.6　告警查询

4.6.1　启动。

告警客户端的启动方法：从总控台上选择图标【告警查询】，点击右边黑三角形，打开下拉菜单选【告警窗】，打开“告警客户端”，“告警窗”上半窗口为“重要告警窗”，下半部分为“告警窗”显示所有实时告警信息，如图2-8所示。

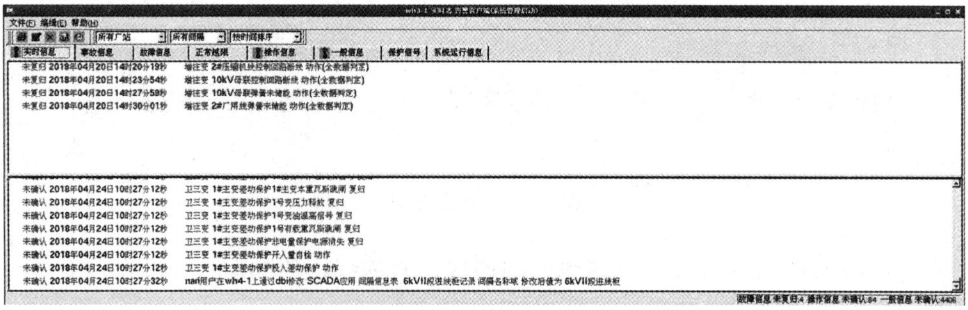

图2-8　告警客户端

4.6.2　实时告警查看。

在“告警客户端”可以选择厂站、间隔，并按时间排序，如查看卫一变的告警。

正常情况下实时告警窗显示“实时信息”，我们还可以查看“事故信息、故障信息、正常超限、操作信息、保护信号、系统运行信息”。

4.6.3　告警查询。

从总控台上直接点击【告警查询】图标，启动告警查询窗口，进行历史告警查询，如图 2-9 所示。

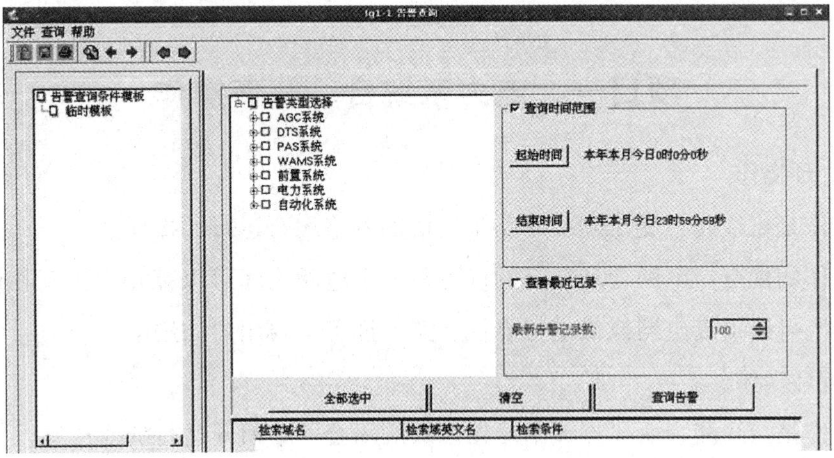

图 2-9　告警查询

（1）选择【电力系统】→【查询条件】→【厂站 ID】→【间隔 ID】进行分厂站、分间隔的精确查询。

（2）选择【查询时间范围】→【起始时间】→【结束时间】→【查询告警】进行历史告警信息查询。

4.7　实时数据查看

进入“智能电网调度技术支持系统”主界面，点击【实时显示】启动“实时数据”窗口，显示实时数据表：按遥测、遥信、遥脉分页显示。在窗口左边可以选择厂站，右边可以选择“遥测、遥信、遥脉”数据表，具体如图 2-10 所示。

图 2-10　实时数据查看

模块三 电网操作

项目一 电力系统合、解环操作

1.1 合环操作

合环操作是指线路、变压器或断路串构成的网络闭合运行的操作。

合环操作的优点：电网合环运行的优点是各个电网之间可以互相支援互相调剂，互为备用，这样既可以提高电网或供电可靠性，又保证了重要用户的用电。

1.2 解环操作

解环操作是指线路、变压器或断路器构成的闭合网络断开运行的操作。

1.3 操作注意事项

1.3.1 合环点相位、相序应一致。如首次合环或检修后可能引起相位变化，必须经测定证明合环点两侧相位、相序一致。

1.3.2 合环操作必须相位相同，电压差、相位角应符合规定。

合环时最大允许电压差6kV不超过5%，35kV、110kV不超过10%，相位角差不大于30°(或经过计算确定其最大允许值)。

1.3.3 确保合、解环网络内，潮流变化不超过电网稳定、设备容量等方面的限制，对于比较复杂环网的操作，应先进行计算或校验。

1.3.4 检查合、解环点的有功及无功潮流，确保合、解环后电网电压质量在规定范围内。

1.3.5 应使用开关进行合、解环操作，特殊情况下需用刀闸进行合、解环操作，应先经计算或试验，并应经有关领导批准。

1.3.6 在合环后应检查和判断合环操作情况，解环时应检查合环系统，在全环运行状态后才能进行解环操作，防止误停电。

1.4 操作危险点及预控措施

1.4.1 合、解环操作的危险点

(1)误解列。在未合环运行的情况下就进行解环操作，使部分电网解环运行或造成停电。

(2)合、解环操作出现稳定问题。

1.4.2 合、解环操作的防范措施

(1)合、解环操作应进行计算或校核。

(2)首次合环或检修后可能引起相位变化的，必须测定合环点两侧相位一致。

(3)合环点有同期时，应使用同期合环。

项目二　母线操作

2.1　单母线操作

2.1.1　首先调整运行方式，将不停电设备转移至备供电源或倒旁母转代。

2.1.2　母线停电时，先断开母线上各出线及其他元件断路器，最后分别按线路侧隔离开关、母线侧隔离开关依次拉开。

母线送电时操作与此相反。

2.2　双母线操作

2.2.1　首先通过调整方式，将不停电设备转移到备供母线。

2.2.2　倒母线方法：

(1)“冷倒”的方法，具体操作方法如下：

①断开元件断路器或检查元件断路器在开位。

②拉开故障母线侧隔离开关。

③合上运行母线侧隔离开关。

④合上元件断路器。

(2)“热倒”方法，母线的“热倒”是正常情况下的母线倒闸方式，即线路不停电的倒母线方式，如无特别说明倒母线均采用“热倒”方式。具体操作方法如下：

①母联断路器在全位状态下，将母联断路器改为非自动(即母联断路器的操作电源拉开)，保证母线隔离开关在并、解时满足等电位操作的要求。

②合上母线侧隔离开关。

③拉开另一母线侧隔离开关。

2.3　操作注意事项

2.3.1　用母联断路器向母线充电时，母联断路器的充电保护应在投入状态，

2.3.2　母线倒闸操作过程中，应将母联断路器改为非自动(操作电源拉开)，防止母联断路器误跳闸，造成带负荷拉刀闸事故。

2.3.3　母线充电、停运或恢复备用时，应防止电磁谐振发生。

2.3.4　母线停、送电操作时，应做好电压互感器二次切换，防止电压互感器二次侧向母线反充电。

2.4 母线操作过程中的危险点及预控措施

2.4.1 母线操作过程中的危险点：

(1)对故障母线充电，引起事故扩大。

(2)可能发生的带负荷拉刀闸事故。

(3)继电保护及自动装置误动。

(4)向空载母线充电时发生串联谐振。

2.4.2 母线操作过程中的防范措施。

(1)对故障母线充电的防范措施。

①有母联开关时应使用母联开关向母线充电。母联开关的充电保护应在投入状态。这样，如果备用母线存在故障，可由母联开关切除，防止事故扩大。②母线故障后的倒母线应采用“冷倒”方式。

(2)倒母线过程中带负荷拉隔离开关事故的防范措施。

除用母联开关充电之外，在母线倒闸过程中，母联开关的操作电源应拉开，防止母联开关误跳闸，造成带负荷拉刀闸事件。

(3)母线倒闸过程中继电保护及自动装置误动的防范措施。

母线倒闸过程中应防范继电保护及自动装置因失去电压而误动作。避免电压回路接触不良以及通过电压互感器二次向不带电母线反充电，而引起的电压回路熔断器熔断，造成继电保护误动等情况的出现。

(4)向空载母线充电发生串联谐振的防范措施。

停送仅带有电感式电压互感器的空母线时，母线停电前先将电压互感器隔离开关拉开，母线送电正常后再将电压互感器隔离开关合上。

项目三 线路操作

3.1 线路停、送电操作顺序

3.1.1 切开线路各侧断路器。

3.1.2 先拉开线路侧隔离开关，后拉开母线侧隔离开关。

3.1.3 合上线路侧接地隔离开关(或挂接地线)。

送电操作顺序与停电相反。

3.2 线路停、送电操作中的注意事项

3.2.1 对于线路可能受电的各侧开关均转解备后，才允许在线路上做安全措施；反之，在未全部拆除线路上安全措施之前，不允许线路任何一侧恢复备用。

3.2.2　充电线路的开关，必须具有完备的继电保护，同时应先投入保护，后投入一次设备。

3.2.3　线路送电时，重合闸必须停用。

3.2.4　新建、改建或检修后相位有可能变动的线路，在并列或合环前，必须进行定相或核相，确保相位正确。

3.2.5　应考虑潮流转移，特别注意勿使非停电线路过负荷。

3.2.6　线路停电操作时先停用一次设备，后停用保护、自动装置。

3.2.7　严禁“约时”停电和送电。

3.3　停、送电操作的危险点及防范措施

3.3.1　停、送电操作过程中的危险点：

(1)空载线路送电时线路末端电压异常升高。

(2)发生带负荷拉合刀闸事故。

3.3.2　停、送电操作过程中防范措施：

(1)空载线路送电时线路末端电压异常升高的防范措施。

①适当降低送电端电压。②充电端必须有变压器中性点接地。

(2)带负荷拉合隔离开关事故的防范措施。

①停电时按断路器—线路侧隔离开关—母线侧隔离开关顺序操作，送电操作顺序相反。②严格按调度指令票的顺序执行，不得漏项、跳项，并加强操作监护。

项目四　变压器操作

4.1　变压器停送电操作方法

4.1.1　单电源变压器停送电操作的方法：

单电源变压器停电时，应先断开负荷侧断路器，再断开电源侧断路器，最后拉开各侧隔离开关。

送电操作顺序与停电相反。

4.1.2　双(三)电源变压器停送电操作的方法：

双电源或三电源变压器停电时，一般先断开低压侧断路器，再断开中压侧断路器，然后断开高压侧断路器，最后拉开各侧隔离开关。

送电操作顺序与停电相反。

4.2　变压器停送电操作注意事项

4.2.1　变压器停运超过6个月者，投运前应摇测绝缘。

4.2.2　变压器并列运行的条件：

(1)接线组别相同。

(2)电压比相等(允许差5%)。

(3)短路电压相等(允许差5%)。

否则应经计算，并验证任一台变压器都不会过负荷的情况下，才可以并列运行。

4.2.3　两台变压器运行，要停一台时，操作前应检查变压器各侧开关和母联开关均在合闸位置，运行正常，同时还要考虑母联是否过负荷，若有可能过负荷，应调整运行方式。

4.2.4　倒换变压器时，应先投入备用变压器，并检查运行情况正常，母联开关在运行状态后，再退出原运行的变压器。

4.2.5　新装、大修、事故检修或换油后的变压器，在加压前静止时间不应少于以下规定：110kV 以下 24h，220kV 及以下 48h。

4.2.6　新投运的变压器应由高压侧对主变进行 5 次空载全压冲击，第一次受电时间不小于 10min；更换线圈后的变压器由高压侧对主变进行 3 次空载全压冲击，第一次时间不小于 10min。做全压冲击时应使全套保护投入跳闸，并网前检查相位。

4.2.7　中性点直接接地系统中投入或退出变压器时，应先将该变压器中性点接地，在投入系统后随即拉开中性点接地隔离开关，这样做的目的是防止拉合断路器时，因断路器三相不同期而产生的操作过电压及变压器绝缘。

4.3　变压器停送电操作的危险点及防范措施

4.3.1　变压器停送电操作的危险点：

(1)切合空载变压器过程中可能出现的操作过电压，危及变压器绝缘。

(2)变压器空载电压升高，使变压器绝缘遭受损坏。

4.3.2　变压器停送电操作的防范措施：

中性点拉直接接地系统中投入或退出变压器时，必须在变压器停电或充电前将变压器中性点直接接地，变压器充电正常后的中性点接地方式按正常运行方式接地。

4.3.3　变压器空载电压升高的防范措施：

调度员在指挥操作时应当设法避免变压器空载电压升高，如投入电抗器、改变有载调压变压器的分接头等方式以降低受端电压。

项目五　变压器分接开关操作

5.1　变压器分接开关操作

5.1.1　无载调压分接开关操作。

变压器无载分接开关的调整须将变压器停电后方可进行。

5.1.2　有载调压分接开关操作。

变压器有载分接开关的调整可以在变压器运行中进行。

5.2　变压器分接开关操作注意事项

5.2.1　无载调压变压器在切换分接开关时，必须测量分接开关的直流电阻。因为未用的分接开关在变压器油中可能产生氧化膜，会造成切换分接头后分接开关接触不良引起运行中发热，

5.2.2　并列运行的有载调压变压器，调整挡位前需将变压器解列运行。

5.2.3　分接变换操作必须在一个分接变换完成后，方可进行第二次分接变换，有载分接开关调整速度，每两挡间隔时间不小于3min。操作时，应同时观察电压表和电流表的指示。

5.2.4　分接开关一天内分接变换次数不得超过，35kV电压等级为30次；110kV电压等级为20次；220kV电压等级为10次。

5.2.5　每次分接开关变换，应核对系统电压与分接额定电压间的差距，使其符合规程规定。

5.3　变压器分接开关操作的危险点及防范措施

5.3.1　变压器分接开关操作的危险点：

(1)变压器并列运行时挡位不一致，产生环流，使变压器过载，甚至烧毁变压器。

(2)有载调压变压器高压侧母线电压太低或变压器负荷过重时操作分接开关，造成系统电压降低或主变过载。

5.3.2　变压器分接开关操作的防范措施：

(1)调度员要与现场人员进行确认，核对现场调挡装置的挡位、远方后台的挡位一致。

(2)禁止在变压器生产厂家规定的负荷和电压水平上进行主变压器分接头调整操作，参照以下规定标准：当高压侧母线电压低于标称电压90%或主变高压侧电流大于额定电流的85%时，不得操作有载调压变压器分接开关。

项目六　断路器及隔离开关操作

6.1　断路器及隔离开关作用

6.1.1　断路器。

(1)控制作用：根据电力系统运行的需要，将部分或全部电气设备，以及部分或全部线路投入或退出运行。

(2)保护作用：当电力系统某一部分发生故障时，它和保护装置、自动装置相配合，将该故障部分从系统中迅速切除，减少停电范围，防止事故扩大，保护系统中各类电气设备不受损坏，保证系统无故障部分安全运行。

6.1.2　隔离开关的作用：

(1)在设备检修时，用隔离开关来隔离有电和无电部分，造成明显的断开点，使检修的设备与电力系统隔离。

(2)将已退出运行的设备或线路进行可靠接地，保证设备或线路检修的安全进行。

6.2　断路器及隔离开关操作注意事项

6.2.1　不能用断路器进行分合操作。

(1)SF6断路器气体压力、液压机构的压力、气动机构的压力低等低于闭锁值，弹簧机构的弹簧闭锁信号不能复归等。

(2)支持绝缘子断裂、套管炸裂或绝缘子严重放电。

(3)连接处因过热变色或烧红。

(4)断路器出现分闸闭锁。

(5)真空断路器真空损坏。

6.2.2　刀闸操作注意事项。

220kV及以下电压等级的刀闸，允许用隔离开关进行的操作：

(1)在电网无接地故障时，拉合电压互感器。

(2)在无雷电活动时拉合避雷器。

(3)拉合空母线，但不能对母线试充电。

(4)拉合变压器中性点接地刀闸。

(5)拉合同一电压等级、同一变电站内经开关闭合的并联回路。

6.3　断路器和隔离开关操作中的危险点防范措施

6.3.1　断路器和隔离开关操作中的危险点：

(1)误拉合不具备操作条件的断路器。

①误拉断路器会造成电力用户和设备失电，扩大停电范围；造成系统的非正常解列等事故。

②误合断路器会造成停电设备误送电，导致带接地隔离开关(接地线)送电等事故。

(2)带负荷拉合隔离开关事故，造成设备损坏和人身伤亡，并造成大面积停电事故。

6.3.2　断路器和隔离开关操作中防范措施：

(1)断路器的防范措施：

①误拉合不具备操作条件的断路器防范措施。断路器出现分闸闭锁时，不能直接拉开

断路器，应先拉开该断路器的操作电源，然后采用停用线路对侧断路器或母线断路器等方法使该断路器停电。

②断路器分闸操作时，若出现非全相运行，应立即合上该断路器。

③断路器合闸操作时，若出现非全相运行，应立即拉开该断路器。

(2)带负荷拉合隔离开关事故的防范措施：

①停电时按断路器—线路侧隔离开关—母线侧隔离开关顺序操作，送电时操作顺序相反。

②严格按调度指令票的顺序执行，不得漏项、跳项。

项目七　断路器旁代操作

7.1　断路器旁代操作的方法

断路器旁代操作的方法有两种：等电位操作和负荷转移操作法。

7.1.1　等电位操作方法。

(1)检查旁路断路器与所旁代断路器的保护定值是否一致。

(2)投入旁路断路器保护给旁母充电。

(3)取下所旁代断路器的操作电源。

(4)合上所旁代断路器的旁路隔离开关。

(5)合上所旁代断路器的操作电源。

(6)断开所旁代断路器的断路器和隔离开关。

7.1.2　负荷转移法(不等电位法)的操作方法。

(1)检查旁路断路器与所旁代断路器的保护定值是否一致。

(2)投入旁路断路器保护，合上旁路断路器给旁母充电。

(3)合上所旁代断路器的旁路隔离开关，再合上旁路断路器。

(4)断开所旁代断路器的断路器和隔离开关。

7.2　断路器旁代操作的注意事项

7.2.1　旁代操作前必须先对旁母进行充电操作，且充电检查正常后进行旁代操作，严禁用隔离开关对旁母充电。

7.2.2　旁路断路器的保护定值应与被代线路断路器一致。

7.2.3　旁路断路器合上后，先停用被旁代线路重合闸，再投入旁路断路器重合闸。

7.2.4　检查旁路断路器已带上负荷，且三相电流基本平衡，然后将被代线路断路器停运解备。

7.2.5　在用隔离开关拉、合空载的旁母时，不应中途停止，防止长时间电弧过电压损坏设备。

7.3　断路器旁代操作危险点和防范措施。

7.3.1　断路器旁代操作的危险点：

(1)旁代操作中带负荷拉合隔离开关，造成人员烧伤或设备损坏。

(2)旁代操作中转带线路无保护运行，线路故障拒动，越级动作导致扩大停电范围的情况。

7.3.2　断路器旁代操作的防范措施。

(1)接线满足要求的情况下一般采用负荷转移法操作，一是为了防止正在合旁路隔离开关时，遇上所旁代线路故障时原被代断路器的保护动作跳闸，造成带故障合旁路隔离开关的事故。二是等电位操作必须取下原被代断路器的操作电源。此时，若发生线路故障时，该断路器就拒动，致使上级电网越级动作，扩大停电范围。

(2)做好断路器旁代操作中风险评价和事故预想。

项目八　电容器操作

8.1　电容器操作

8.1.1　电容器投切顺序。

(1)手动投入：投隔离开关→将二次控制开关至手动位置依次投入各组电容器。

(2)手动切除：将二次控制开关至手动位置依次切除各组电容→切出隔离开关。

(3)自动投切：投隔离开关→将二次控制开关至自动位置，装置将自动投切电容器。

8.1.2　电容器停送电操作。

(1)停电时操作顺序：应先切开断路器，拉开电容器侧隔离开关，最后拉开母线侧隔离开关；送电时顺序相反。

(2)母线停电操作时，应先拉开电容器组断路器，后断开各路出线断路器；恢复送电时，应先合各路出线断路器，后合电容器组断路器。

(3)全站停电时，必须先切开电容器组断路器。

8.1.3　电容器操作的注意事项。

(1)电容器组禁止带电荷合闸。电容器组切除3min后才能进行再次合闸，严禁连续合闸。

(2)电容器的运行电压不得超过电容器额定电压的110%，当母线电压超过时应退出电容器。

(3)电容器开关跳闸后不准强行送电，保护熔丝熔断后，未查明原因之前不准更换熔丝送电。

(4)电容器组停电接地前，应待放电完毕后方可进行验电接地，在电容器工作前还应人工逐个多次放电。

8.2　电容器操作中的危险点及防范措施

8.2.1　电容器操作的危险点：

(1)电容器带电荷合闸，产生过电压。

(2)电容器带电荷接地放电，造成人身伤害。

8.2.2　电容器操作的防范措施：

(1)电容器再次合闸时需停电间隔 3min 以上。

(2)进入电容器设备工作前，应对电容器充分放电后，再进行验电接地。

项目九　消弧线圈操作

9.1　消弧线圈操作

9.1.1　调整消弧线圈分接头操作。

(1)过补偿运行，要投入线路的步骤：应先调整消弧线圈分接头，使补偿电流最大，再投入线路。

(2)欠补偿运行，要投入线路的步骤：应先投入线路，再调整消弧线圈分接头；停运线路时，应先调整消弧线圈分接头，再停运线路。

(3)停运线路时，应先调整消弧线圈分接头，再停运线路。

9.1.2　消弧线圈停送电操作。

将消弧线圈由一台主变的中性点倒至另一台主变中性点运行时，应先将消弧线圈退出运行，然后投至另一台主变中性点上。

9.2　消弧线圈操作的注意事项

(1)禁止将一台消弧线圈同时连接在 2 台运行的变压器的中性点上。

消弧线圈一般采用过补偿的运行方式。只有在消弧线圈的容量不足或特殊情况下，才允许采用欠补偿运行方式，且应经电调及总工程师同意。

(2)消弧线圈分接头的调整原则，不应使正常系统中性点位移电压过高，最大不应超过相电压的 15%；脱谐度一般不应大于 10%。

(3)系统有接地故障时，严禁用刀闸拉、合消弧线圈。在拉、合消弧线圈前，应根据表计、信号和接地告警灯的指示，确认无接地故障，才能操作。

(4)在系统有接地故障运行时，应加强对消弧线圈的巡视检查。其上层油温最高不应超过95 ℃，运行时间不应超过铭牌的规定(无铭牌规定时，不得超过2h)，否则，应切除故障线路。如消弧线圈内部有异音、放电声或闪络等异常现象时，应将故障线路停止运行，再停用消弧线圈。

9.3　消弧线圈操作中的危险点及防范措施

9.3.1　消弧线圈操作中的危险点：

(1)补偿方式不当产生谐振过电压。

(2)接地故障时操作消弧线圈刀闸。

9.3.2　消弧线圈操作中的防范措施：

(1)产生谐振过电压防范措施，尽量采用过补偿方式，过补偿有困难时才采用欠补偿方式，过补偿运行方式下投入线路时，先调整消弧线圈后投入线路，退出线路时，先退出线路再调整消弧线圈。

(2)发生接地故障时禁止对消弧线圈进行操作，应设法将故障线路退出运行或将故障与补偿网络分割运行。

项目十　继电保护及安全自动装置调整

10.1　线路保护

10.1.1　在正常运行情况下，线路两侧同调度命名编号的纵联保护必须同时投运。

10.1.2　当保护通道异常或任一侧纵联保护异常时，线路两侧的该套纵联保护应同时停运。

10.1.3　对电气设备和线路充电时，必须投入快速保护。

10.1.4　线路输送功率在任何情况下，不应超过距离Ⅲ段阻抗值整定允许的功率。

10.1.5　一般情况下，不允许用线路保护对变压器充电。

10.2　变压器保护

10.2.1　220kV变压器在运行中，其瓦斯保护和纵差保护不得同时停用。

10.2.2　变压器差动保护新装或二次回路有改变时，应进行负荷测试，正确后停用。

10.2.3　变压器充电时，全部保护均应投入跳闸。在带负荷测试前，应将差动保护退出，再进行测试(其他保护按现场运行规程处理)。

10.2.4　高(中)压侧为中性点直接接地系统的三绕组变压器，当高(中)压侧开关断开运行时，高(中)压侧中性点必须接地，并投入接地电流保护。

10.3　重合闸运行规定

10.3.1　下列情况重合闸应停用：

(1)试运行的线路送电时和试运行期间。

(2)断路器的遮断容量小于母线短路容量时。

(3)断路器的故障跳闸次数超过规定，或断路器本身有明显故障或存在其他严重问题。

(4)线路带电作业要求退出。

(5)重合闸装置失灵。

(6)重合于永久故障可能对系统稳定造成严重后果。

(7)有其他特殊规定时。

10.3.2　线路及备用设备充电时，应将其自动重合闸及备用电源自动投入装置退出。

10.4　继电保护及安全自动装置注意事项

10.4.1　如保护整个设备的快速保护全部停用，该一次设备宜停运。

10.4.2　在下列情况下应停用整套微机保护装置：

(1)在微机保护装置使用的交流电压、交流电流、开关量输入、开关量输出回路工作。

(2)在装置内部工作。

(3)继电保护人员输入定值。

(4)装置异常。

10.4.3　新投产保护装置或保护电流、电压回路有变动时，应做通流试验，必须要带负荷测试。

10.4.4　当双母线接线的两组电压互感器(TV)只有一组运行时，应将两组母线硬联运行(可采用母联断路器操作为死开关或用刀闸中硬联两组母线)或者将所有运行元件倒至TV所在的母线。

10.4.5　在改变系统运行方式或事故处理时，必须按相关规定相应变更保护定值或安全自动装置使用方式。

10.4.6　在改变系统一次设备运行状态时，应充分考虑继电保护及安全自动装置的配合，防止不正确动作。

10.5　继电保护及安全自动装置调整的危险点及防范措施

10.5.1　继电保护及安全自动装置调整的危险点：

(1)一次设备不得无保护运行。

(2)继电保护及安全自动装置定值与定值单等不符。继电保护及安全自动装置调整与运行方式的改变不配合。出现以上情况都会造成继电保护及安全自动装置调整的误动作。

10.5.2　继电保护及安全自动装置调整的防范措施：

(1)一次系统运行方式发生变化时，及时对继电保护和安全自动装置进行调整。

(2)操作前认真核对设备状态包括继电保护和安全自动装置。

(3)操作前应使用相关工具进行计算或校核。

(4)按规定填写调度指令票。

(5)操作中严格执行监护、录音、复诵和记录制度，不得跳项、漏项等。

项目十一　新设备启投运

11.1　新设备启动的调度管理

11.1.1　新设备定义。

新设备是指首次接入电网的电力基建、技改一次和二次设备。主要包括开关(断路器)、线路、母线、变压器、电流互感器、电压互感器、保护更换以及新厂站投运等。

11.1.2　新设备启动流程。

新设备启动流程图如图2－11所示。

11.1.3　新设备启运必须具备下列条件：

(1)企业或用户与电力公司和相应调度机构签订购电合同及调度协议。

(2)新设备全部按照设计要求安装、调试完毕，且验收、质检工作已结束，设备具备启动条件。

(3)现场生产准备工作就绪(包括运行人员的培训、考试合格，现场图纸、规程、制度、设备编号标志、记录簿等均已齐全)，具备启运条件。

(4)电力通信通道及自动化信息接入工作已完成，调度通信、自动化设备及计量装置运行良好，通道畅通，实时信息满足调度运行的需求。

11.2　新设备启动原则

11.2.1　断路器的启动原则。

分类：断路器本体一次启动；断路器一、二次均需启动。

(1)有条件时应采用发电机零启升压。

(2)无零启升压条件时，用外来电源(无条件时可用本侧电源)对断路器冲击一次，冲击侧应有可靠的一级保护，新断路器非冲击侧与系统应有明显断开点，母差TA或母差保护应做相应调整。

(3)必要时对断路器相关保护及母差保护做带负荷试验。

(4)新线路断路器需先行启动时，可将该断路器的出线搭头拆开，使该断路器作为母联或受电断路器，做保护带负荷试验。

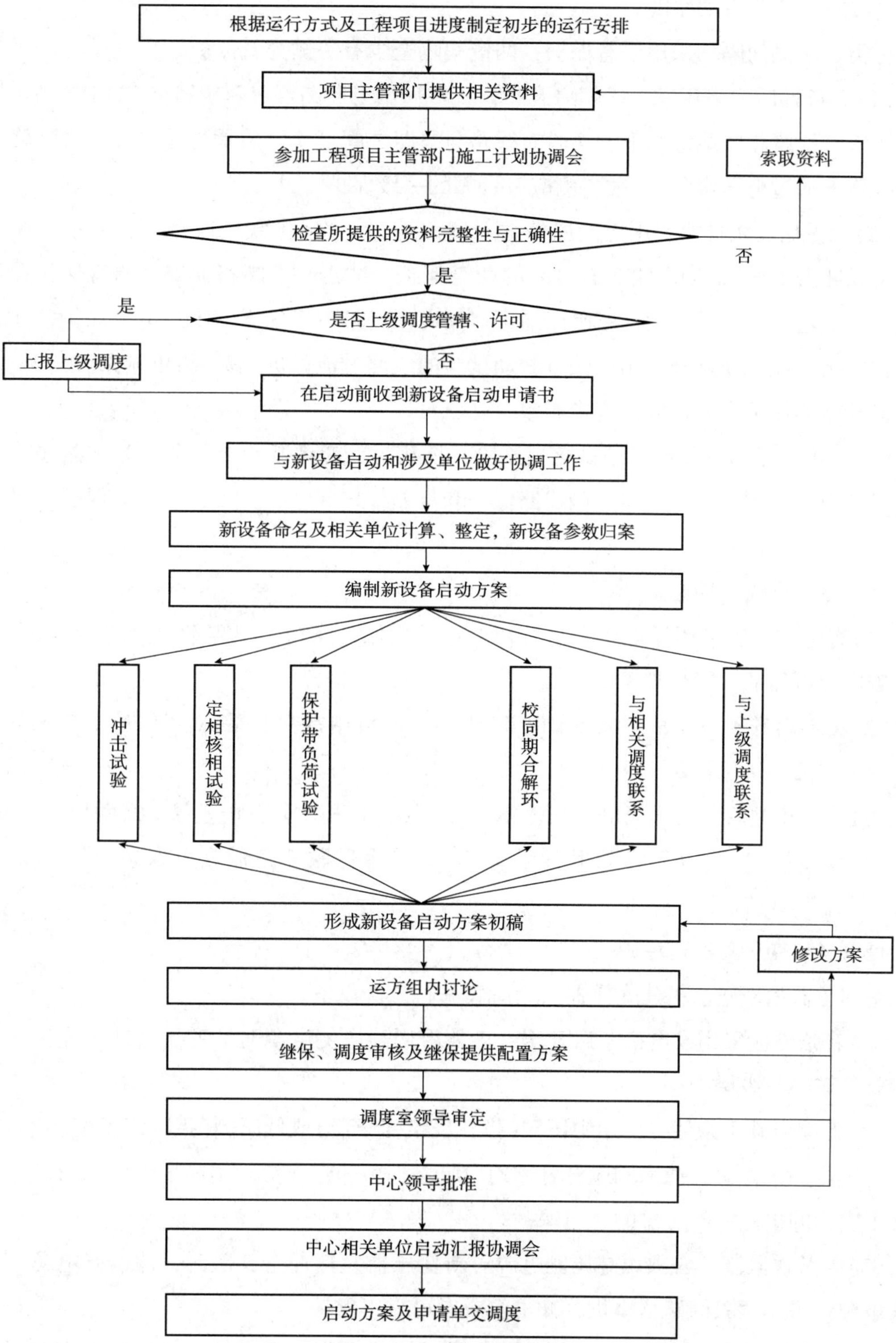

图2－11　新设备启动流程图

11.2.2 线路启动原则。

分类：两侧间隔均采用原有保护；两侧间隔至少有一侧为新保护。

(1)有条件时应采用发电机零启升压，正常后用老断路器对新线路单击3次(利用操作过电压来考验线路的绝缘水平、考验对线路与线路之间电动力的承受能力、考验断路器操作与线路末端过电压水平)，冲击侧应有可靠的一级保护。

(2)无零启动条件时，用老断路器对新线路冲击3次(老线路改造其长度小于原线路50%可只冲击1次)，冲击侧应有可靠的两级保护。冲击时老断路器启用原有保护，且应保证对整个新线路有灵敏度，新断路器可启用尚未经带负荷的方向零序电流保护，并将方向元件短接，或新断路器启用已做过联动试验的线路过流保护(属一级可靠保护)。母差保护、老断路器保护定值按继保规定调整。

(3)冲击正常后，线路必须做核相试验，核相时，考虑断路器并联电容和防止偷合应将母联转为冷备用。如新线路两侧线路保护和母差保护回路有变动，则相关保护及母差保护均需做带负荷试验。

11.2.3 母线启动原则。

(1)有条件时应采用发电机零启升压，正常后用外来或本侧电源对新母线冲击一次，冲击侧应有可靠的一级保护。

(2)无零启升压条件时，用外来电源(无条件时可用本侧电源)对母线冲击一次，冲击侧应有可靠的一级保护。

(3)冲击正常后，新母线电压互感器二次必须做核相试验，母差保护需做带负荷试验。

(4)母线扩建延长(不涉及其他设备)，宜采用母联断路器充电保护对新母线进行冲击。

11.2.4 变压器冲击原则。

新变压器指新建、扩建变压器及其所属一、二次设备。

(1)有条件应采用发电机零启升压，正常后用高压侧电源对新变压器冲击5次，冲击侧应有可靠的一级保护。

(2)无零启升压条件时，用中压侧(指三绕组变压器)或低压侧(指两绕组变压器)电源对新变压器冲击4次，冲击侧应有可靠的两级保护。冲击正常后用高压侧电源对新变压器冲击1次，冲击侧应有可靠的一组保护。

(3)因条件限制，必须用高压侧电源对新变压器直接冲击5次时，冲击侧电源宜选用外来电源，采用两只断路器串供，冲击侧应有可靠组保护。

(4)冲击过程中，新变压器各侧中性点均应直接接地，所有保护均启用，方向元件短接退出。新主变压器所在母线上母差保护按继保规定调整。冲击侧线路高频保护停用(励

磁涌流影响的原因)

(5)冲击新变压器时，保护定值应考虑变压器励磁涌流的影响【一般用时间躲开(≤0.3s)，0.3s后励磁涌流衰减至2~3倍的峰值电流(极端情况下最大励磁涌流为5~6倍主变压器额定电流，0.3s后约为2~3倍主变压器额定电流)】，并有足够的灵敏度。

(6)冲击正常后，新变压器中低压侧必须核相，变压器保护(差动及后备保护)、母差保护需做带负荷试验。

(7)用母联断路器实现串供方式对主变压器充电时，应避免直接用母联断路器对其充电(除了旁兼母已改代出线方式)，如必须用母联断路器对新主变压器直接充电，此时应将母线差动保护投信号或停用，启用母联断路器电流保护。

11.2.5 电流互感器启动原则。

(1)优先考虑用外来电源对新电流互感器冲击1次，冲击侧应有可靠的一级保护，新电流互感器非冲击侧与系统应有明显断开点，母差TA必须短接退出。

(2)若用本侧母联断路器对新电流互感器冲击1次时，应启用母联充电保护。

(3)冲击正常后，相关保护需做带负荷试验。

注意事项：新TA母差TA必须短接，且应注意母差保护方式。

11.2.6 电压互感器启动原则。

(1)优先考虑用外来电源对新电压互感器冲击1次，冲击侧应有可靠一级保护。

(2)若用本侧母联断路器对新电压互感器冲击1次时，应启用母联充电保护。

(3))冲击正常后，新电压互感器二侧必须核相。

11.3 新设备启动的注意事项

11.3.1 冲击过程中的一次方式安排要综合考虑各种因素。主要应从提高系统运行可靠性、减少设备故障影响范围的角度出发，尽量避开用电厂侧、馈供厂站侧、方式较为薄弱的厂站作为冲击电源点。

11.3.2 保护考虑：冲击时保护应满足有关规定(可靠一级或二级)，且必须满足全线灵敏度要求，与上级调度管辖设备交界点的保护定值、时间整定应满足上一级电网和调度部门的要求。

11.3.3 启动过程中方式调整时，应注意一次设备操作与二次保护之间的配合，主要有刀闸操作与母差保护停、启用之间的配合，合、解环前后环路中的保护调整。

注意在110kV及以上电网无母差保护时一般不允许进行母线侧刀闸带电操作。

11.3.4 用母联断路器实现串供方式对新投运的线路充电时，母线差动保护投信号，启用母联断路器长充电保护或母联断路器电流保护。用母联断路器实现串供方式对主变压器充电时，应避免直接用母联断路器对其充电；如必须用母联断路器对主变压器直接充电，此时应将母线差动保护投信号或停用，启用母联断路器电流保护。

11.4 投运后的注意事项

11.4.1 投运后的定相和核相：为了防止发生非同期并列，新投产的线路及大修后的线路都必须进行相序及相位的核对，保证一次和二次的相序和相位都正确。

11.4.2 继电保护、自动装置检查和试验；为防止接线错误而引起保护的误动作，特别是高频保护、阻抗保护、差动保护(母线差动、纵联差动、横联差动保护)及其他的方向性保护，必须在线路送电后进行带负荷电流试验检查其特性，完全符合要求、方向正确后方可投入。对于可以同期并列的线路断路器，应对同期回路接线进行检查；将同期电源断路器投入、启动同期装置后同期表指示应该也同期。

模块四　故障录波

项目一　录波调取

在现代电力系统中，故障录波装置所记录的数据为电网管理人员正确分析故障原因、研究反事故对策、及时处理事故、评价继电保护和自动装置动作的正确性，提供了可靠的依据，同时，根据故障录波数据进行故障点的准确定位，对于迅速排除电网故障、尽快恢复系统运行起着十分重要的作用。

目前油田电网综合自动化（简称“综自”）后台有 2 种版本的监控系统。

1.1　EYEwin20 监控系统

1.1.1　EYEwin20 界面，点击【开始】（图 2－12）任务栏【设备管理】（图 2－13）项，在左侧任务栏中选择相应的设备，在中间项目栏内选择【故障录波】菜单。

1.1.2　点击【上装故障录波列表】（图 2－14）从中选择所要查看的故障录波如：选择 35kV 出线→311 东车线保护测控→点击选择后→在右侧栏内选择故障录波，双击可打开；

1.1.3　点击【上装录波文件】

1.1.4　在 D 盘 EYEwin20 文件中，data 文件夹 Accident 子文件夹内，根据时间选择需要的在系统目录的 Data \ Accident \ 下，如图 2－15 所示。

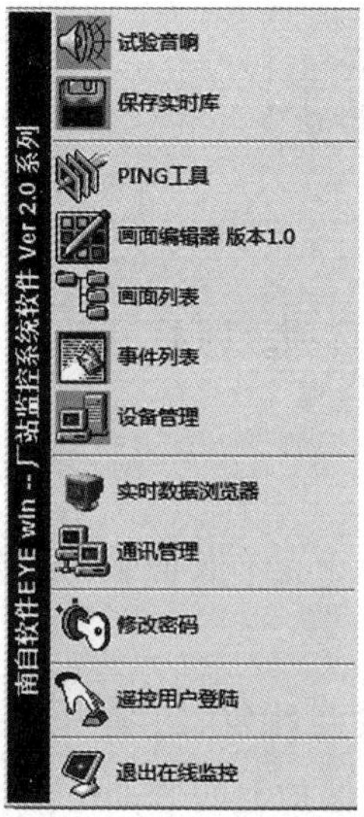

图 2－12　EYEwin20 开始界面

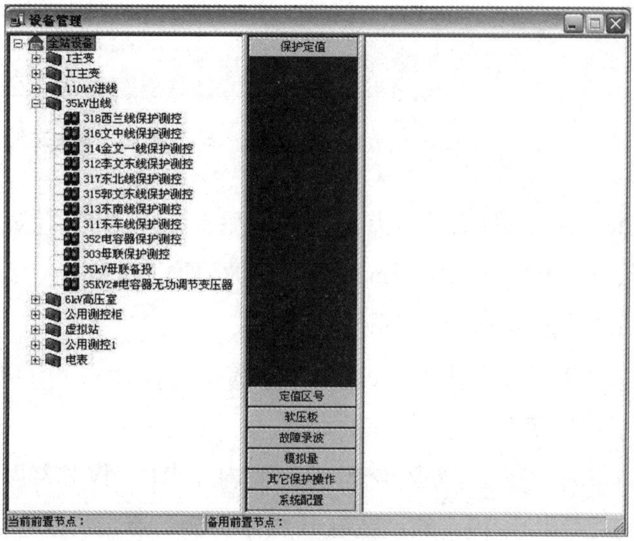

图 2－13　EYEwin20 设备管理界面

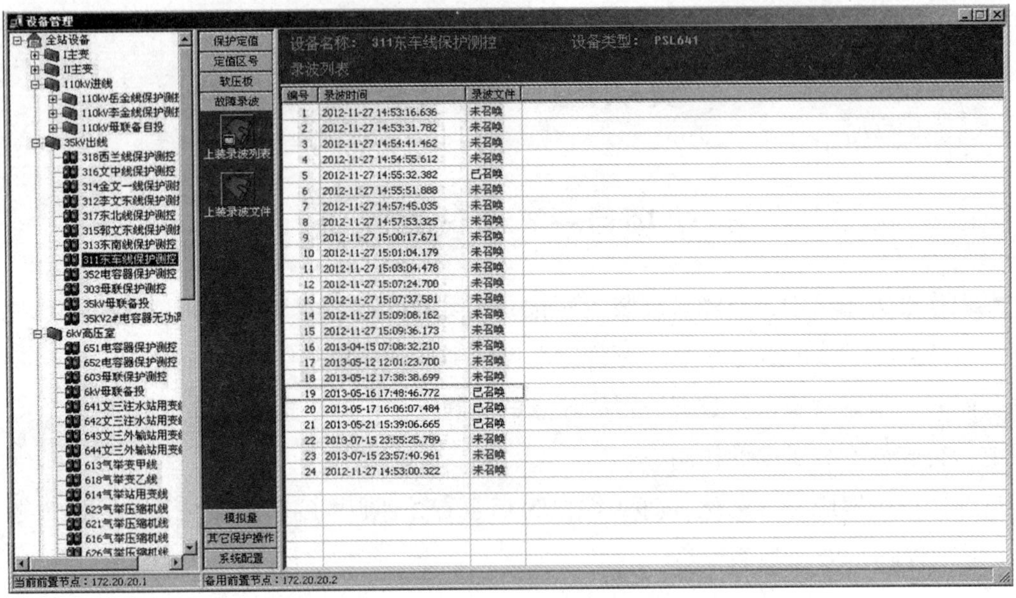

图 2－14　EYEwin20 设备管理故障录波界面

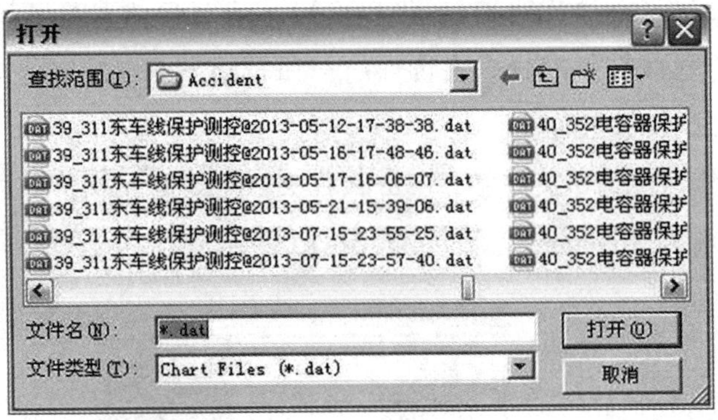

图 2－15　EYEwin20 事故文件夹界面

1.1.5　选择文件后点击【打开】后，在点击图形【显示按钮】选项，即显示出录波文件图形，如图 2－16 EYEwin20 故障录波界面。

1.2　ps6000＋监控系统

1.2.1　监控界面点击【开始】选项，选择【应用功能】项目下的【保护管理】选项如图 2－17，图 2－18 所示。

1.2.2　在左侧【基本分区】内栏内点击【工程对象库】选项下【工程定义】项，选择相应设备显示图 2－19，如：昆屯 II 线保护柜，点击后选择昆屯 II 线保护下的 PSL621U 项。

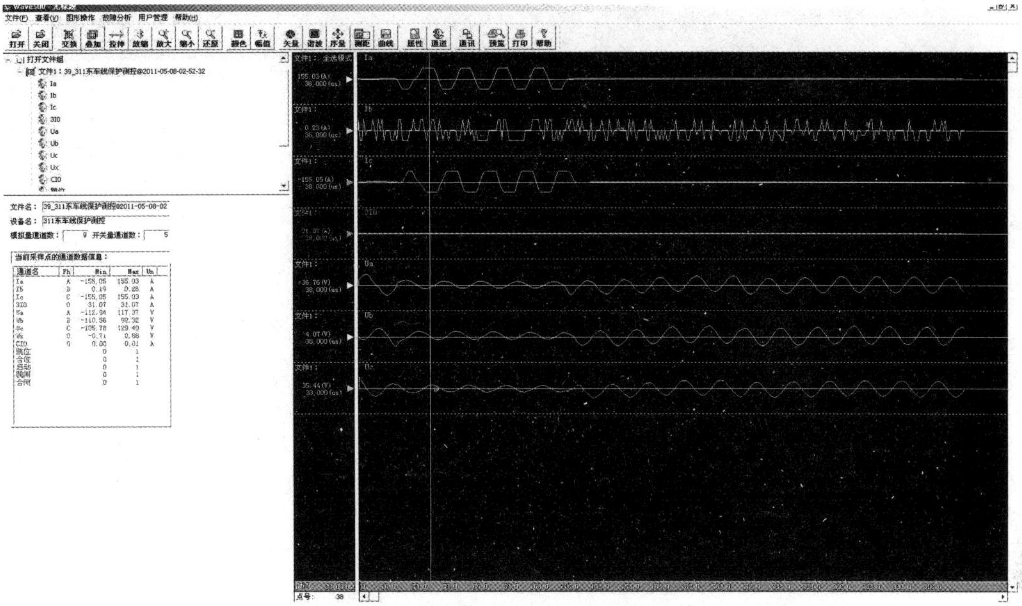

图 2－16　EYEwin20 故障录波界面

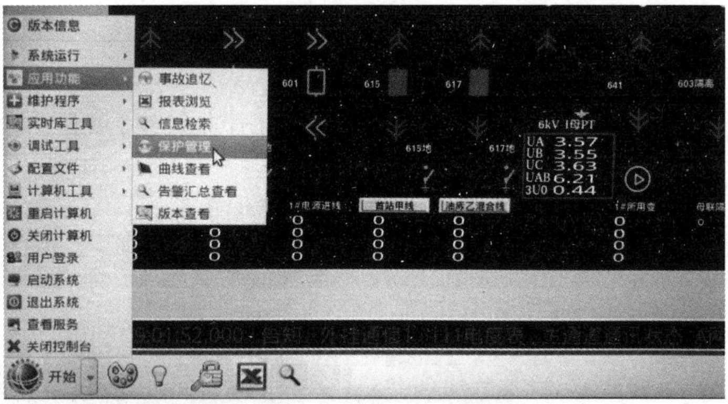

图 2－17　ps6000＋开始界面

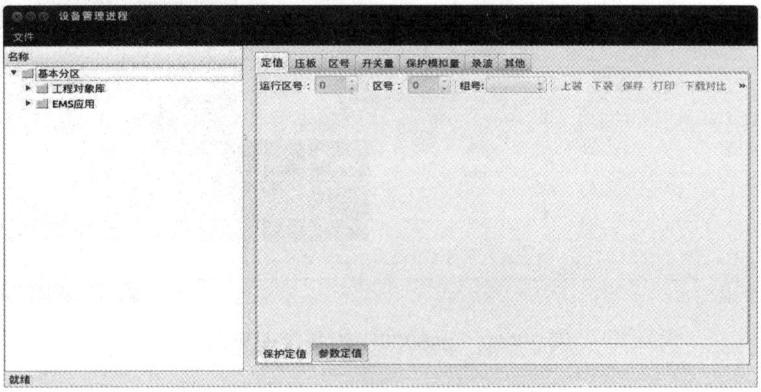

图 2－18　ps6000＋设备管理界面 1

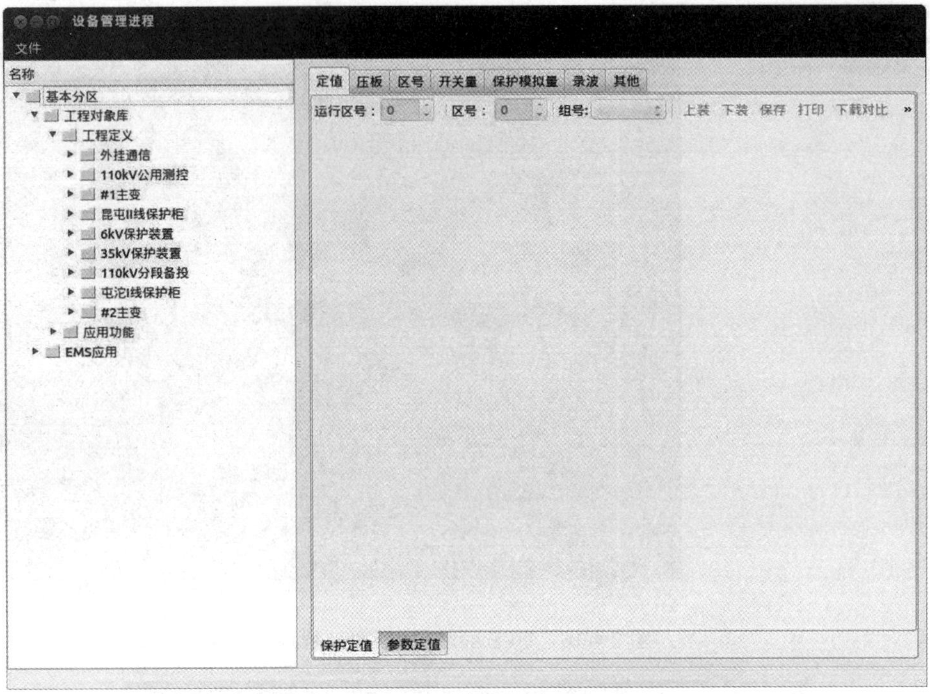

图 2－19　ps6000＋设备管理界面 2

1.2.3　点击右侧栏【录波】项，在中间栏选择【打开曲线组】项目，根据时间选择相应录波文件(图 2－20)，出现相应录波图(图 2－21)。

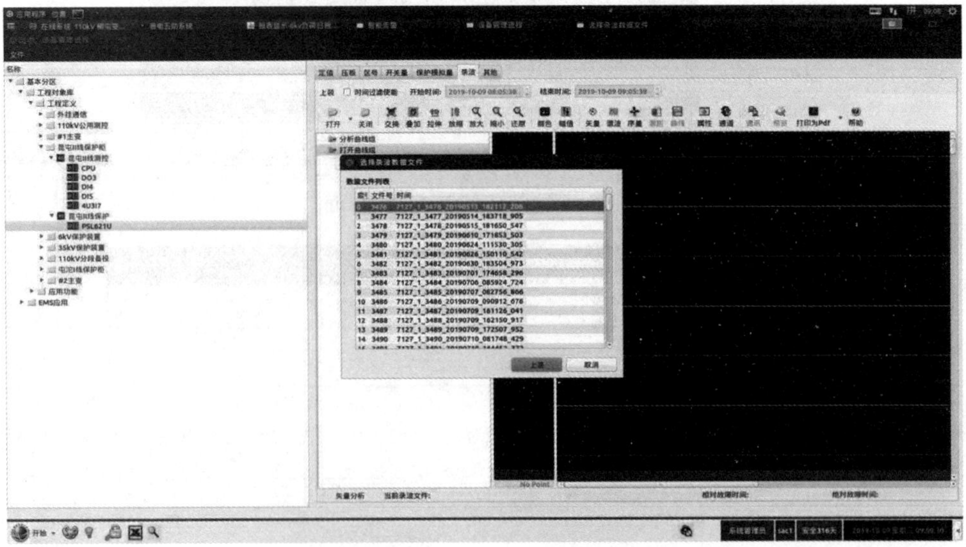

图 2－20　ps6000＋设备管理界面 3

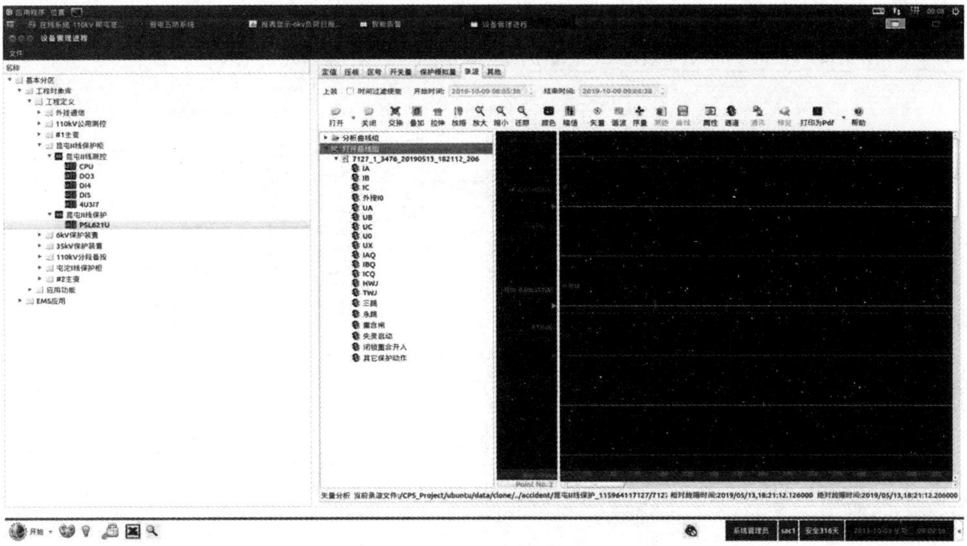

图 2－21　ps6000＋故障录波界面

项目二　故障录波分析

2.1　故障录波分析

2.1.1　故障录波意义。

故障录波启动主要是利用故障特征明显的电气量来启动，一般的启动量有电流、电压突变量启动，电流、电压越线启动，频率变化量及开关量启动等。由于故障录波图中反映了故障前及故障时的全过程，所以，读懂录波图也就了解了故障的全过程，在录波图中可以看到故障过程中电流、电压幅值和相位，故障性质、故障的持续时间以及保护、开关的动作时间等信息，可以有效地帮助调度值班人员确定故障性质、制定事故处理方案，以及今后的防范措施。

2.1.2　分析录波图的基本方法。

(1)当我们拿到一张录波图后，首先要通过前面所学的知识大致判断系统发生了什么故障，故障持续了多长时间。

(2)以某一相电压或电流的过零点为相位基准，查看故障前电流电压相位关系是否正确，是否为正相序？负荷角为多少？

(3)以故障相电压或电流的过零点为相位基准，确定故障态各相电流电压的相位关系(注意选取相位基准时应躲开故障初始及故障结束部分，因为这两个区间一是非周期分量较大，二是电压电流夹角由负荷角转换为线路阻抗角跳跃较大，容易造成错误分析)。

(4)绘制向量图，进行分析。

2.2 典型故障录波

2.2.1 单相接地短路故障录波图分析，如图 2－22 所示。

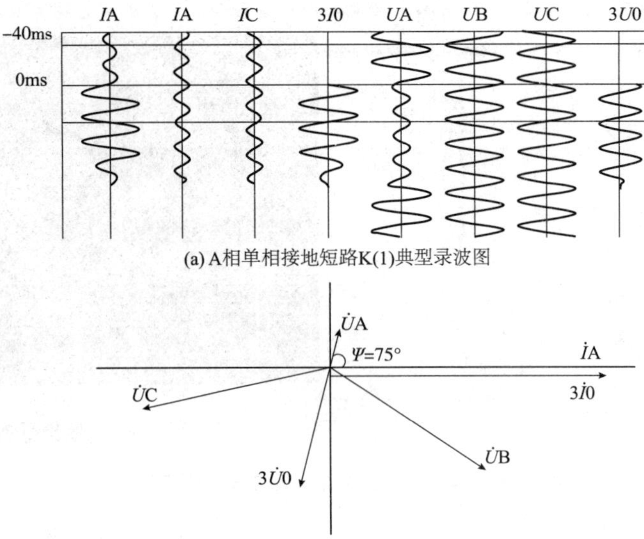

(a) A相单相接地短路K(1)典型录波图

(b)A相单相接地短路K(1)典型向量图

图 2－22 单相接地短路故障录波图

分析单相接地故障录波图要点：

(1) 一相电流增大，一相电压降低；出现零序电流、零序电压。

(2) 电流增大、电压降低为同一相别。

(3) 零序电流相位与故障相电流同向，零序电压与故障相电压反向。

(4) 故障相电压超前故障相电流约 80°左右；零序电流超前零序电压约 110°左右。

2.2.2 两相短路故障录波图分析，如图 2－23 所示。

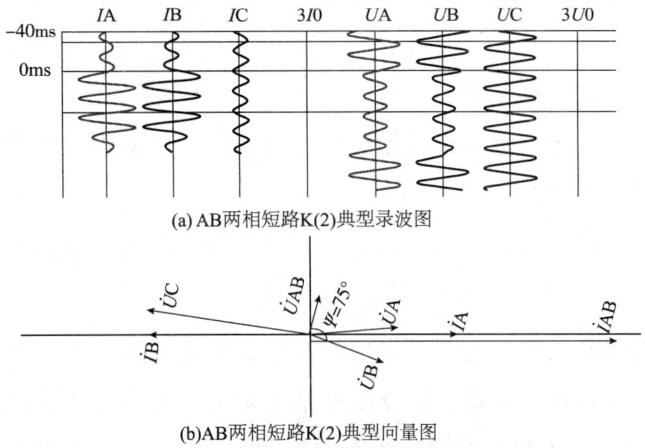

(a) AB两相短路K(2)典型录波图

(b)AB两相短路K(2)典型向量图

图 2－23 两相短路故障录波图

分析两相短路故障录波图要点：

(1)两相电流增大，两相电压降低；没有零序电流、零序电压。

(2)电流增大、电压降低为相同两个相别。

(3)两个故障相电流基本反向。

(4)故障相间电压超前故障相间电流约 80°左右。

2.2.3　两相接地短路故障录波图分析，如图 2－24 所示。

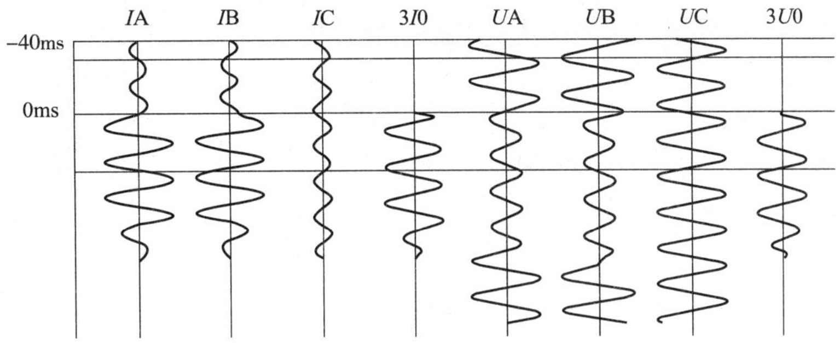

(a)AB两相接地短路K(1.1)典型录波图

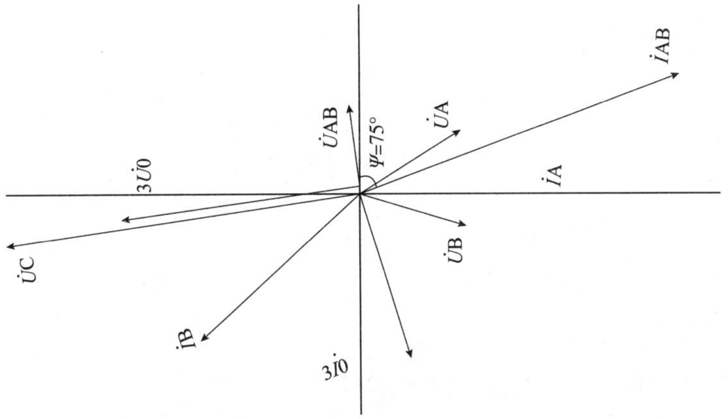

(b)AB两相接地短路K(1.1)典型向量图

图 2－24　两相接地短路故障录波图

分析两相接地短路故障录波图要点：

(1)两相电流增大，两相电压降低；出现零序电流、零序电压。

(2)电流增大、电压降低为相同两个相别。

(3)零序电流向量为位于故障两相电流间。

(4)故障相间电压超前故障相间电流约 80°左右；零序电流超前零序电压约 110°左右。

2.2.4　三相短路故障录波图分析，如图 2－25 所示。

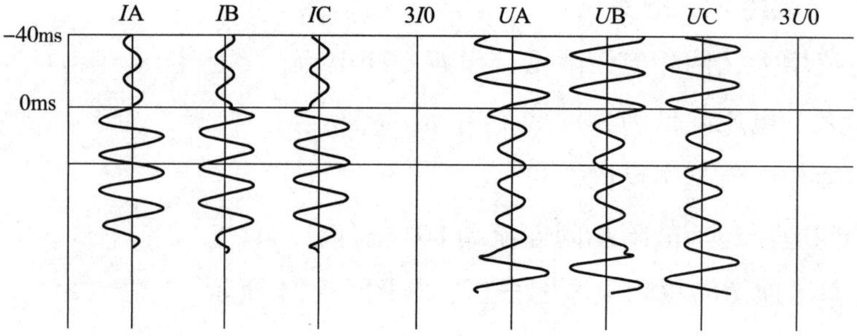

(a)三相短路K(3)典型录波图

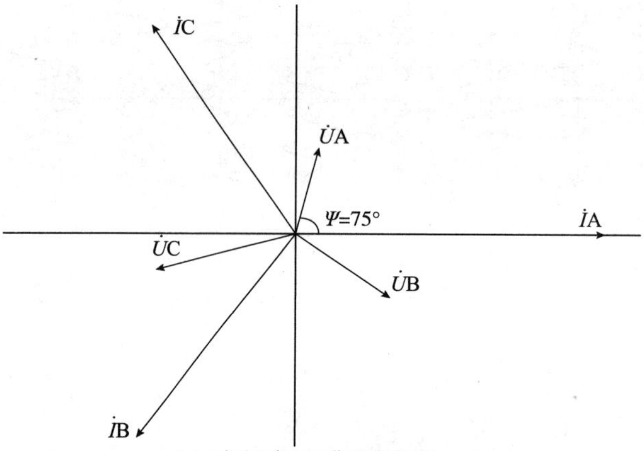

(b)三相短路K(3)典型向量图

图2-25　三相短路故障录波图

分析三相短路故障录波图要点：

(1)三相电流增大，三相电压降低。

(2)没有零序电流、零序电压。

(3)故障相电压超前故障相电流约80°左右。

(4)故障相间电压超前故障相间电流同样约80°左右。

单元三　电网异常及事故处理

模块一　电网异常处理

项目一　电压异常处理

1.1　电压异常的现象

1.1.1　一相电压下降或降为零，其余两相电压升至线电压，报接地告警、$3U0$ 越线信号。

1.1.2　故障相电压降低但不到零，其他两相电压升高但不到线电压，报接地告警、$3U0$ 越线信号。

1.1.3　一相电压降低或降为零，另两相电压指示正常，报出电压回路断线信号。

1.1.4　一相电压降低或降为零，另两相电压指示正常，同时报出接地信号 $3U0$ 越线和电压回路断线信号。

1.1.5　三相电压均升高或一相(两)相电压升高，且超过线电压，表计指示不稳有摆动现象，报出接地信号。

电压异常的标准：国家电网公司颁布的《电力生产事故调查规程》规定：电压监视控制点电压偏差超出电力调度规定的电压曲线 ±5%，且持续时间 1h 以上；或偏差超出 ±10%，且持续时间 30min 以上，构成电网一类障碍；电压监视控制点电压偏差超出电力调度规定的电压曲线 ±5%，且持续时间 2h 以上；电压偏差超出 ±10%，且持续时间 1h 以上，定为一般电网事故。

1.2　电压异常处理方法

1.2.1　三相电压中有降、有升的现象，系统一般存在接地情况，参照以下操作执行：

(1)按照变电站或线路接地保护指示信号查找。

①分割网络，选出故障网络；

②分列母线，查出故障母线；

③试停分路，选择接地线路。依次拉开空运线路、作业过的、次要用户和重要用户线路。

(2)如将故障母线上分路全部试拉一遍接地仍未消失，则说明接地点在该段母线上或该段母线上不同线路的同一相有两个或两个以上的接地点。此时应将故障母线上所有线路全部拉开，若接地信号消失确认接地点不在母线上后，逐条试送，直到选择出接地线路。若故障母线上所有线路全部拉开后，接地信号仍不消失，确认接地点在母线上，将该母线停运后运行值班人员应仔细检查。直到查出故障点并消除后，方可恢复送电。

1.2.2　三相电压有下降、有正常的现象，一般为电压互感器一次或二次保险故障，停电更换保险。

1.2.3　三相电压均升高或一相(两)相电压升高，且超过线电压，一般为铁磁谐振，可通过改变系统参数方法消除谐振，具体方法如下：

①切、合空载线路开关或旁母开关。

②母线并解列。

③切开运行的电容器开关。

④投入备用变压器。

1.3　电压异常处理时安全注意事项

1.3.1　调整运行方式选择时，避免倒丢负荷，扩大停电范围。

1.3.2　系统发生单相接地时，接地运行时间允许持续时间不得超过2h。

1.3.3　电压互感器更换保险时，防止二次失压。

1.3.4　更换电压互感器(PT)一次或二次保险后仍熔断，应将故障PT转检修等候处理。

项目二　线路过负荷处理

2.1　线路过负荷现象

综自后台发“××线路过负荷”动作报文、告警信息；××线路保护装置发“过负荷”告警信号。

解释：流过线路的电流值超过线路本身允许电流值或超过线路电流测量元件的最大量程。

2.2　线路过负荷的处理方法

2.2.1　受端系统增加无功出力，提高系统电压水平。

2.2.2　送端系统发电厂降低有功出力，必要时可直接下令解列机组。

2.2.3　情况紧急时可下令受端系统切除部分负荷，或转移负荷。

2.3　线路过负荷处理时安全注意事项

2.3.1　线路发生过负荷后，会因导线弧垂度加大而引起短路事故。

2.3.2　若线路电流超过测量元件的最大量程，会导致无法监测到真实的线路电流值，从而给电网运行带来风险。

2.3.3　做好过负荷处理期间风险分析和事故预想。

项目三　变压器异常处理

3.1　变压器异常现象

3.1.1　变压器轻瓦斯继电器报警。

综自后台发“××变压器轻瓦斯动作”报文、告警信息；××变压器保护装置发“轻瓦斯”告警信号。

解释：变压器油色谱分析指用气相色谱分析变压器油中溶解气体的成分。即从变压器中取出油样，再从油中分离出溶解气体，用气相色谱分析该气体的成分，对分析结果进行数据处理，并依据所获得的各组分气体的含量判定设备有无内部故障，诊断其故障类型，并推定故障点的温度、故障能量等。

3.1.2　变压器过负荷报警。

综自后台发“××变压器过负荷动作”报文、告警信息；××变压器保护装置发“过负荷”告警信号。

解释：变压器过负荷指流过变压器的电流超过变压器的电流值。

变压器过负荷时，其各部分的温升将比额定负荷运行时高，从而加速变压器绝缘老化，威胁变压器运行。通常变压器具备短时间过负荷的能力，具体时间和过负荷数值应严格按制造厂家的规定执行。造成变压器过负荷的原因有变压器所带负荷增长过快，并联运行的变压器事故退出运行等。

3.1.3　变压器温升过高报警。

综自后台发“××变压器温度高动作”报文、告警信息；××变压器保护装置发“温度高”告警信号。

解释：变压器温升过高，变压器的监视油温超过规定值，规定值见表3－1。

当变压器冷却系统电源发生故障使冷却器停运和变压器发生内部过热故障时，或环境温度超过40℃时，变压器会发生不正常的温度升高。

表3－1　变压器油温表

冷却方式	冷却介质最高温度/℃	最高顶层油温/℃
自然循环自冷、风冷	40	95
强迫油循环风冷	40	85
强迫油循环水冷	30	70

3.1.4　变压器其他异常报警。

变压器其他异常有：变压器油因低温凝滞；变压器油面过高或过低，与当时油温所应有的油位不一致；各种原因导致的变压器渗漏油等。

3.2　变压器异常处理方法。

3.2.1　变压器轻瓦斯告警处理方法。

轻瓦斯信号出现后，应立即对变压器进行全面检查，分析原因，及时处理，具体如下：

(1)检查轻瓦斯继电器内无气体，变压器本体及有载分接开关油枕油位正常，且防爆管无喷油、冒油，初步分析为误动作报警，可对直流系统、二次回路及瓦斯继电器本体进行检查。

(2)检查变压器油枕中无油、油位低于瓦斯继电器，其他无任何异常现象，可能属油位过低而引起瓦斯动作，调整运行方式，安排变压器停电加油。

(3)检查轻瓦斯继电器内有气体，按照以下方法处理：

①如变压器经检修后投入运行、运行中进行过补油等工作，气体为无色，不可燃，安排运行维护单位放气，并加强监视，可以继续运行。

②如变压器未进行过换油、加油等工作，安排检修单位人员取气样和取油样进行分析，并报告有关领导，调整方式，将变压器停电检查。

(4)处理过程中，当轻瓦斯保护动作时间间隔越来越短时，应立即倒换至备用变压器，将该变压器退出运行。

3.2.2　变压器过负荷处理方法。

变压器过负荷时，参考《变压器运行规程》相关规定，一般应依次采取以下措施：

(1)投入备用变压器。

(2)改变系统运行方式，将该变压器的负荷转移。

(3)按规定的顺序限制负荷。

3.2.3　变压器温升过高处理方法。

(1)当变压器温升过高超过规定值时，现场值班人员应：

①检查变压器的负载和冷却介质的温度，并与在同一负载和冷却介质温度下正常的温度核对。

②核对温度测量装置是否准确。

③检查变压器冷却装置或变压器室的通风状况。

(2)若温度升高的原因是由于冷却系统的故障，且在运行中无法修理的，应将变压器停运；若不能立即停运，则值班人员应按现场规程的规定调整变压器的负载至允许运行温度下的相应容量。

(3)在正常负载和冷却条件下，变压器温度不正常并不断上升，且经检查证明温度指示正确，则认为变压器已发生内部故障，应立即将变压器停运。

(4)变压器在超额电流方式下运行，若顶层油温超过105℃时，应立即降低负载。

3.2.4　其他异常处理。

(1)变压器中的油因低温凝滞时，可逐步增加负荷，同时监视顶层油温，直到投入相应数量的冷却器，转入正常运行。

(2)当发现变压器的油面较当时油温所应有的油位显著降低时，应查明原因，及时补油。

(3)变压器油位因温度上升有可能高出油位指示极限，经查明不是假油位所致时，则应放油，使油位降至与当时油温相对应的高度，以免溢油。

(4)当瓦斯保护信号动作时，应立即对变压器进行检查，查明动作原因，是否因聚积空气、油位降低、二次回路故障或是变压器内部故障造成的。然后根据有关规定进行处理。

3.3　变压器异常处理时安全注意事项

3.3.1　倒闸操作中，严格遵守操作规程，防止发生人身事故、造成设备损坏。

3.3.2　要求运行维护单位加强异常设备的巡视、监测力度，检查时注意安全。

3.3.3　调度人员做好变压器异常情况下的风险分析和事故预想。

项目四　断路器的异常处理

4.1　断路器异常现象

4.1.1　断路器拒分闸。

综自后台发“××开关控制回路断线”“××开关遥控超时”“××开关低气压闭锁”报文、告警信息；或××开关装置运行红灯灭、××开关柜有焦糊味等现象。

4.1.2　断路器拒合闸。

综自后台发“××开关控制回路断线”“××开关遥控超时”“××开关低气压闭锁”“××开关弹簧未储能”报文、告警信息；或××开关装置运行红灯未亮；××开关柜有焦糊味等现象。

4.1.3　断路器本体发热、异常声音、“××开关低气压告警”等现象。

4.2　断路器异常处理方法

4.2.1　断路器拒分闸。

(1)断路器拒分闸原因分为电气原因、机械原因和通信原因：

①电气原因有保护装置故障、开关控制回路故障、开关的跳闸回路故障等。

②机械原因有开关本体大量漏气、开关操动机构故障、传动部分故障等。

③通信原因有网络中断、网络延时、交换机故障等。

(2)运行中的断路器出现拒分闸，必须立即将该断路器停运。具体方法为：

①用旁路断路器与异常断路器并联，用隔离开关解环使异常断路器停电。

②用母联断路器与异常断路器串联，首先调整运行方式，将双电源用户转移；其次断开母联断路器后，再用异常断路器两侧隔离开关使异常断路停电。

4.2.2　断路器拒合闸 U

(1)断路器发生拒合闸通常发生在合闸操作和线路断路器重合闸过程中。拒合闸的原因也分为电气原因、机械原因和通信原因。

①电气原因有保护装置故障、开关控制回路故障、开关的合闸回路故障及通信回路故障等。

②机械原因有开关本体大量漏气、开关操动机构故障、传动部分故障等。

③通信原因有网络中断、网络延时、交换机故障等。

(2)断路器出现“拒合闸”时，现场人员若无法查明原因，则需将该断路器转检修进行处理。有条件采用旁路转代方式转带线路。

4.2.3　其他异常现象。

(3)对于发热、“低气压告警”等现象的处理方式。

①不需停电时，可通过调整方式降低负荷，或安排检修单位立即处理，同时调度令运行维护单位加强监视、汇报。

②需要停电处理时，参照断路器拒分、拒合闸处理。

4.3　安全注意事项

4.3.1　断路器拒分闸对电网安全运行危害很大，如故障不能消除，将会造成上一级断路器跳闸，扩大事故停电范围，通常会造成严重的电网事故。

4.3.2 调整运行方式时，操作连贯、紧凑，尽量加快操作时间。

4.3.3 做好断路器异常情况下的风险分析和事故预想。

项目五 隔离开关异常处理

5.1 隔离开关异常

5.1.1 隔离开关分、合闸不到位。

5.1.2 隔离开关接头发热。

5.2 隔离开关异常处理方法

5.2.1 隔离开关分、合闸不到位。

由于通常操作隔离开关时，该元件断路器已在断开位置，因此隔离开关异常后，可安排该元件停电检修，进行处理。

5.2.2 隔离开关接头发热。

(1)运行中的隔离开关接头发热时，应降低该元件负荷，并加强监视。

(2)双母接线中，可将该元件倒至另一条母线运行；有专用旁路断路器接线时，可用旁路断路器代路运行。

5.3 隔离开关异常处理时安全注意事项

5.3.1 高压隔离开关接头发热，可能会造成隔离开关损毁。

5.3.2 倒闸操作过程中，严格执行操作规程。

5.3.3 做好隔离开关异常处理情况下的风险分析和事故预想。

项目六 其他设备的异常处理

6.1 电容器

6.1.1 电容器异常现象。

电容器异常情况有电容器外壳膨胀、电容器漏油、电容器爆炸、电容器温升过高等现象；综自后台发“××电容器开关过流保护动作”及“××电容器开关不平衡保护动作”报文、信息。

6.1.2 电容器的异常处理。

(1)电容器跳闸后不得强送，此时应先检查保护的动作情况、电容器及有关一次回路的设备。

(2)通知检修单位安排处理。

6.2 电压互感器

6.2.1 电压互感器异常现象。

电压互感器主要异常有发热温度过高、内部有放电声、漏油或喷油、引线与外壳间有火花放电现象、电压和有功指示不正常等现象；综自后台发“××开关电压回路断线”报文等。

6.2.2 电压互感器异常的处理。

(1)电压互感器发生内部故障时，不能直接拉开高压隔离开关将其隔离，只能用断路器将故障互感器隔离，具体操作如下：

①调整运行方式，转移双电源负荷。

②用故障电压互感器所在母线进线开关将故障电压互感器停电隔离。

(2)电压互感器外部故障时，直接拉开高压隔离开关将其隔离。

(3)保护用电压二次回路开路时，应将其所带的保护和自动装置停用。

(4)通知检修单位安排处理。

6.3 电流互感器

6.3.1 电流互感器异常现象

电流互感器运行中可能会出现内部过热、内部有放电声、漏油、外绝缘破裂等本体异常及表计指示不正确等。

6.3.2 电流互感器异常处理

(1)如需停电处理，首先调整运行方式，转移本间隔负荷或对本间隔所在母线分段；其次将本间隔转检修，等候处理。

(2)如电流互感器过负荷时，应设法降低该元件的负荷。

6.4 设备异常处理时安全注意事项

6.4.1 倒闸操作过程中，严格执行操作规程。

6.4.2 检查和处理时注意安全，避免造成人身伤害。

6.4.3 做好设备异常处理情况下的风险分析和事故预想。

项目七 继电保护及安全自动装置的各种异常

7.1 保护及安全自动装置的异常现象

7.1.1 通道异常。

线路的纵联保护、远方跳闸、电网安全自动装置等，需要通过通信通道在不同厂站间传送信息或指令，目前电力系统中的通道主要有载波通道、微波通道及光纤通道。

解释：载波通道主要异常有收发信机故障、高频电缆异常、通道衰耗过高、通道干扰电平过高等。光纤通道的主要异常有光传输设备故障，如光端机、PCM 等；光纤中继站异常；光纤断开等。

7.1.2　二次回路异常。

(1)TA、TV 回路的主要异常有 TA 饱和、回路开路、回路接地短路、继电器触点接触不良、接线错误等。

(2)直流回路主要异常有回路接地、交直流电源混接、直流熔断器断开等。

(3)保护出口跳闸、合闸回路异常。

7.1.3　装置异常。

微机保护装置的异常主要有电源故障、插件故障、装置死机、显示屏故障及软件异常等。

7.1.4　其他异常。

软件逻辑不合理、整定值不当、现场人员误碰、保护室有施工作业导致振动大等。

7.2　保护及安全自动装置异常处理方法

7.2.1　保护装置异常处理。

(1)元件双重化保护配置，可将故障保护装置停用。

(2)元件仅有一块保护配置，调整运行方式，转移负荷后隔离故障设备。

(3)安排检修单位处理。

7.2.2　安全装置异常处理。

(1)停用安全自动装置，通知运行维护单位加强设备监控，无人值守站安排人员值班。

(2)安排检修单位处理。

7.3　保护及安全自动装置异常处理时安全注意事项

7.3.1　严禁设备(如线路)无保护运行，防止发生“越级”跳闸事件，扩大事故影响。

7.3.2　安全装置停用，应制定相应控制措施，并做好相关事故预想。

模块二　电网事故处理

项目一　线路事故处理

1.1　线路事故现象

综自后台事故线路断路器状态变位，断路器电流、功率降为0，语音告警、后台产生信息、报文，如："××线开关过流Ⅰ段保护跳闸"或"××线开关过流Ⅱ段保护跳闸""××开关由合到分"等。

1.2　线路事故处理方法

1.2.1　检查后台报文、装置告警信息，分析是否保护动作还是设备误动。

1.2.2　通知变电站调取故障录波、报文等信息，并上报电调。

1.2.3　断路器保护动作跳闸，通知维护单位巡线，查找故障点。

1.2.4　断路器误动跳闸，通知检修单位处理。

1.2.5　送电时机的选择。

(1)线路跳闸后，尽快调整运行方式，恢复双电源用户供电。

(2)线路跳闸后，若引起相邻线路或变压器过载、超稳定极限运行，则应在采取措施消除过载现象后再强送线路。

(3)当线路跳闸后，现场人员汇报已发现明显故障，则不能强送。

(4)有带电作业工作的线路跳闸后，需与现场工作人员取得联系，待同意后才能强送。

(5)试运行线路、电缆线路、已掌握有严重缺陷的线路不宜强送。

1.3　线路事故对电网的影响

1.3.1　当负荷线路跳闸后，将直接导致线路所带负荷停电。

1.3.2　当带发电机运行的线路跳闸后，将导致发电机解列。

1.3.3　当环网线路跳闸后，将导致相邻线路潮流加重甚至过载。或者使电网机构受到破坏，相关运行线路的稳定极限下降。

1.3.4　系统联络线跳闸后，将导致两个电网解列。送端电网将功率过剩，频率升高；受端电网将出线功率缺额，频率降低。

1.4　线路事故处理时安全注意事项

1.4.1　线路跳闸后强送时，断路器应完好，线路主保护应在投入状态。

1.4.2　线路跳闸送电前，应停用重合闸功能。

1.4.3 线路跳闸未查明原因试送时，应调整运行方式，同时做好预想，尽量降低试送线路的影响。

项目二 并联电容器事故处理

2.1 并联电容器事故现象

综自后台事故开关断路器状态变位，断路器电流、无功功率降为0，语音告警、后台产生信息、报文，如："××电容器开关过电流保护动作""××电容器开关不平衡保护动作"；电容器或伴有冒油、套管放电、内部异响、着火现象等。

2.2 并联电容器事故处理方法

2.2.1 检查后台报文、装置告警信息，分析保护动作类型，操作如下：

(1)若此时报文为"过电流保护"引起的跳闸，首先调度令运行维护单位现场检查电容器组外观、现场，判断是否外因引起，其次将电容器组转检修。

(2)若此时报文为"不平衡保护动作"引起的跳闸，调度令运行维护单位将电容器组转检修，现场检查电容器组外观。

(3)若此时报文为"欠电压保护动作"或"过电压保护动作"引起的跳闸，根据电网当时运行现状，可按母线电压异常故障处理，母线电压正常后可直接投入运行。

2.2.2 若电容器出现着火现象，令运行维护单位立即拉开电容器隔离开关，隔离电源，按电气火灾灭火处理。

2.2.3 电容器转检修后，通知检修单位安排处理。

2.3 并联电容器事故的影响

2.3.1 并联电容器事故退出运行，导致就地补偿的无功功率下降，功率因数降低，增加了电能损耗，以及功率因数考核不达标被罚款的现象。

2.3.2 并联电容器退出运行，影响了电压质量，降低了设备的出力。

2.4 并联电容器事故处理时安全注意事项

2.4.1 接触电容器前一定要对电容器，逐个多次放电，否则有触电危险。

2.4.2 发现电容器冒油、爆炸，应注意保持安全距离，防止热油烫伤。

2.4.3 事故处理中，值班调度做好配合，严格执行规章制度，相互做好监护。

项目三 变压器事故处理

3.1 变压器事故现象

综自后台主变各侧断路器状态变位，各侧断路器电流、功率降为0，语音告警、后台产生信息、报文，如："I号主变重瓦斯保护跳闸""I号主变差动保护跳闸""I号主变高压侧111开关由合到分”“I号主变中压侧301开关由合到分”等；中、低压侧母线可能失压。

3.2　变压器事故处理方法

3.2.1　检查后台报文、装置告警信息，分析保护动作类型，操作如下：

(1)如主保护同时跳闸，迅速调整运行方式，先恢复所甩负荷，如投入备用变压器、倒备供电源等，然后再检查跳闸的变压器。

(2)如变压器后备保护动作跳闸，在找到故障并有效隔离后，一般可对变压器试送一次。

(3)变压器的重瓦斯保护动作跳闸，同时伴有轻瓦斯信号时，不经检查和气体化验分析不得对变压器送电。

(4)变压器的瓦斯或差动保护动作跳闸，在检查变压器外部无明显故障，检查瓦斯气体后证明变压器内部无明显故障后，需试送电时，应经总工程师及以上公司领导批准。

(5)若后备保护误动作，无备用变压器时，可退出该保护后试送变压器。

3.2.2　通知运行维护单位加强变压器跳闸后过负荷、电压监控，并及时汇报电调。

3.2.3　通知检修单位安排处理。

3.3　变压器事故对电网的影响

3.3.1　变压器事故跳闸后，最直接的后果就是造成负荷转移，使相关的并联变压器负荷增加甚至过负荷运行。

3.3.2　当系统中重要的联络变压器跳闸后，还会导致电网的结构发生重大变化，导致大范围潮流转移，使相关线路过稳定极限。

3.3.3　带负荷变压器跳闸后，其所带负荷全部转移到其他变压器，使得原本双电源供电的用户变成单电源供电，降低了供电的可靠性或直接损失大量的用户负荷。

3.4　变压器事故处理时安全注意事项

3.4.1　变压器事故跳闸后应关注相关变压器、线路等设备是否有过负荷现象，采取措施消除设备过负荷。

3.4.2　现场检查发现变压器有冒油、喷油现象，注意保持安全距离，防止热油烫伤。

3.4.3　变压器跳闸事故后操作中，值班调度做好配合，严格执行规章制度，做好相互监护。

项目四　母线事故处理

4.1　母线事故现象

该母线电压指示均为0；该母线上各出线及变压器的负荷、电流指示为0；电容器、注水电机开关跳闸。

4.2　母线事故处理

4.2.1　值班人员应立即进行检查，查看保护动作情况，并汇报调度，具体操作如下：

(1)如母线失电为本站主变故障，隔离故障主变，恢复送电。

(2)如母线失电为主变后备保护动作，主变中压侧或低压侧开关跳闸引起，则一般为线路越级故障引起，隔离故障设备后，方可恢复停电母线送电。

(3)如属于母线故障，应迅速查明原因，隔离故障点，再恢复供电。

4.2.2　母线失压后，恢复送电时间较长时，应及时调整运行方式，将双电源负荷转移。

4.2.3　通知运行维护单位加强负荷、电压监控，并将故障设备转检修等候处理。

4.2.4　通知检修单位安排处理。

4.3　母线停电对电网的影响

母线是电网中汇集、分配和交换电能的设备，一旦发生故障会对电网产生重大不利影响。

4.3.1　母线故障后，连接在母线上的所有断路器均断开，电网结构会发生重大变化，尤其是双母线同时故障时甚至直接造成电网解列运行，电网潮流发生大范围转移，电网结构较故障前薄弱，抵御再次故障的能力大幅度下降。

4.3.2　母线故障后连接在母线上的负荷变压器、负荷线路停电，可能会直接造成用户停电。

4.4　母线事故处理时安全注意事项

4.4.1　母线试送电，应尽量选用线路断路器由相邻变电站送电，选择本站开关(通常为母联或变压器开关)时，应慎重考虑若强送失败对电网的影响。

4.4.2　母线送电时应确认除送电断路器外，其余断路器包括母联断路器均在断开位置。

4.4.3　事故处理中，值班调度做好配合，相互监督。

项目五　变电站全站失压事故处理

5.1　全站失压事故现象

变电站各级母线电压指示均为0；各进线、出线及变压器的负荷、电流指示均为0；主变无“嗡嗡”运行声音、站内交流用电失电、电压回路断线告警等。

解释：变电站全停的定义　当发生电网事故造成变电站失去和系统之间的全部电源联络线，导致变电站的全部母线停电，即称为变电站全停。

《国家电网公司事故调查规程》规定变电站(含开关站、换流站、变频站)全停系指该变电站各级电压母线转供负荷(不包括所用电)均降至零。

5.2　全站失压事故处理方法

5.2.1　值班人员应立即进行检查，查看保护动作情况，并汇报调度。

5.2.2　如全站失压原因非本站设备引起时，可将本站倒备供电源供电或保持本站设备原始状态不变，等候来电。

5.2.3　全站失压后，恢复送电时间较长时，应及时调整运行方式，将双电源负荷转移。

5.2.4　全站失压时其他相关处理原则及方法可参照母线故障停电方式进行。

5.2.5　全站失压恢复送电时间较长，且直流母线电压有所降低，切断其他开关的直流供应(含部分不重要的事故照明、设备)，以节约蓄电池的能量。

5.2.6　全站失压后造成调度通信与变电站中断，调度应通过应急电话或移动电话与其联系。

5.3　全站失压事故的影响

5.3.1　变电站站用电全停会影响监控系统运行及断路器、隔离开关等设备的电动操作。

5.3.2　终端变电站全停可能造成负荷损失，中断向部分电力用户的供电，如时间较长将产生较严重的社会影响。

5.4　全站失压事故处理时安全注意事项

5.4.1　全面了解变电站继电保护动作情况、断路器位置、有无明显故障现象，且不可只凭站用电源全停或照明全停而误认为是变电站全站失压。

5.4.2　利用备用电源恢复供电时，应考虑其负载能力和保护整定值，防止过负载和保护误动作。必要时，只恢复站用变和部分重要用户的供电。

5.4.3　恢复送电必须注意防止向有故障的电源线路反送电。

5.4.4　事故处理中，值班调度做好配合，相互监督。

项目六　直流系统接地处理

6.1　直流系统接地现象

正极(负极)对地电压下降或降为0，负极(正极)对地上升，直流屏绝缘监察报警。

6.2　直流系统接地处理方法

6.2.1　查看直流屏相关信息，如故障支路告警信息、直流母线正(负)极对地电压等。

6.2.2 实测正(负)极对地电压，分清接地故障的极性，分析故障发生原因。

6.2.3 用分网法缩小查找范围，将直流系统分成几个不相联系的部分。

6.2.4 对于不太重要的直流负荷及不能转移的分路，利用“瞬时停电”的方法，查该分路中所带回路有无接地故障。

6.2.5 对于重要的直流负荷，用转移负荷法查该分路所带回路有无接地故障。

6.2.6 在进行上述各项检查选择后仍未查出故障点，则应考虑同极性两点接地情况。

6.3 直流系统接地的影响

6.3.1 正接地可能导致断路器误跳闸，由于断路器跳闸线圈均接负极电源，故当发生正接地时可能导致断路的跳闸。

6.3.2 负接地可能导致断路器的拒跳闸，产生拒动，使事故越级扩大。

6.4 直流系统接地处理时安全注意事项

6.4.1 瞬停直流电源时，时间不应超过3s，动作应迅速，防止失去保护电源及带有重合闸电源的时间过长。

6.4.2 为防止误判断，观察接地现象是否消失时，应从信号、光字牌和绝缘监察表计指示情况综合判断。

6.4.3 防止保护误动作，必要时在切断操作电源前，解除可能误动的保护，操作电源正常后再投入保护。

6.4.4 防止人为造成短路或另一点接地，导致断路器误动或拒动。

6.4.5 查找故障，必须二人及以上进行，防止人身触电，做好安全监护。

电力调度自动化篇

单元四　记录填写

调度自动化对各种记录、报表均应做到：真实、正确、系统、完整，能指导实践，以便运行、修试、设计、改建与扩建工程的需要和有关人员学习、查考，有章可循。填写记录应使用仿宋字，字迹清楚，不得乱涂乱画，不得有错别字。

项目一　巡视记录的填写

设备巡视记录是自动化维护人员日常巡视设备工作的记录，包括机房设备巡视记录和视频设备巡视两个，记下设备的运行状况、存在缺陷、故障处理等情况。填写设备巡视记录时，必须详细、准确地填写，每周由队长审核按月装订，保存一年。设备巡视记录(主站)如表 4－1 所示。

（1）“巡视时间”正常巡视时间为 8:00 和 17:00，每天两次。

（2）“巡视结果”填写“正常”或“异常”，异常情况填写在缺陷记录本上。加密巡视和特殊巡视时发现异常在缺陷记录上记录。

表 4－1　自动化设备标准化巡视卡(主站)

地点：　　　　　　　　　　　　　　　　　　　　　　　　　　时间：

序号	巡视内容	巡视标准	安全措施及注意事项	巡视结果	责任人
1	设备清扫	1. 设备整洁、无尘土、机柜内无杂物、无鼠屎； 2. 地板洞封闭平整，无漏缝	1. 严禁使用夹有金属丝的毛刷； 2. 清扫，严防触碰电源接线		
2	遥信信号检查	1. 开关、刀闸状态与现场一致； 2. 实时告警窗有无异常信号	1. 防止信号反映错误； 2. 遥信参数设置正确，遥信名称标注清楚		

续表

序号	巡视内容	巡视标准	安全措施及注意事项	巡视结果	责任人
3	遥测数据检查	遥测平均误差不大于 ±5%	1. 定期校对遥测数据； 2. 电流互感器（CT）变比改变及时修改遥测系数		
4	主站服务器及工作站检查	1. 各服务器及工作站网络连接正常； 2. 各服务器程序运行正常	1. 各服务器及工作站网线无损坏； 2. 服务器处理数据和存储数据正常		
5	通道查看	通道状态是否正常	防止通道中断		
6	调度数据专网	1. 交换机运行灯运行正常； 2. 网线接触良好； 3. 标识清楚	防止通信中断		
7	卫星同步时钟	1. 同步时钟秒灯闪烁； 2. 调度自动化主站与 GPS 同步	检查 GPS 天线防雷是否运行正常		
8	UPS 电源	1. 电源指示灯正常； 2. 负荷灯正常	1. 防止人员触电； 2. 电源接线要有明确的断开点，发现故障及时断开		

项目二　蓄电池记录的填写

通过定期测量记录蓄电池电压情况并对外部观察有无异常现象，帮助人员了解蓄电池状态，为确保调度系统供电可靠提供必不可少的依据。记录填写应字迹清楚、页面整洁、不得涂改，电力调度室蓄电池检测记录见表 4－2。

表 4－2　电力调度室蓄电池检测记录

年　　月　　日　　时

<table>
<tr><td colspan="2">位置</td><td colspan="3"></td><td colspan="4">电池型号</td><td colspan="4"></td><td colspan="2">生产厂家</td><td colspan="3"></td></tr>
<tr><td colspan="2">电池名称</td><td colspan="3"></td><td colspan="4">电池数量</td><td colspan="4"></td><td colspan="2">电池温度标</td><td colspan="3"></td></tr>
<tr><td colspan="5">测试项目</td><td colspan="8">常规测试</td><td colspan="2">环境温度/℃</td><td colspan="3"></td></tr>
<tr><td colspan="5">整组额定电压</td><td colspan="8"></td><td colspan="2">湿度/%</td><td colspan="3"></td></tr>
<tr><td colspan="5">单只额定电压/V</td><td colspan="8"></td><td colspan="2">整组额定容量/Ah</td><td colspan="3"></td></tr>
<tr><td colspan="2">1#蓄电池组</td><td>1</td><td>2</td><td>3</td><td>4</td><td>5</td><td>6</td><td>7</td><td>8</td><td>9</td><td>10</td><td>11</td><td>12</td><td>13</td><td>14</td><td>15</td><td>16</td></tr>
<tr><td colspan="2">实测电压/V</td><td></td><td></td><td></td><td></td><td></td><td></td><td></td><td></td><td></td><td></td><td></td><td></td><td></td><td></td><td></td><td></td></tr>
<tr><td colspan="2">实测电池温度/℃</td><td></td><td></td><td></td><td></td><td></td><td></td><td></td><td></td><td></td><td></td><td></td><td></td><td></td><td></td><td></td><td></td></tr>
<tr><td colspan="2">2#蓄电池组</td><td>1</td><td>2</td><td>3</td><td>4</td><td>5</td><td>6</td><td>7</td><td>8</td><td>9</td><td>10</td><td>11</td><td>12</td><td>13</td><td>14</td><td>15</td><td>16</td></tr>
<tr><td colspan="2">实测电压/V</td><td></td><td></td><td></td><td></td><td></td><td></td><td></td><td></td><td></td><td></td><td></td><td></td><td></td><td></td><td></td><td></td></tr>
<tr><td colspan="2">实测电池温度/℃</td><td></td><td></td><td></td><td></td><td></td><td></td><td></td><td></td><td></td><td></td><td></td><td></td><td></td><td></td><td></td><td></td></tr>
</table>

续表

异常情况	时间	异常现象	处理情况	测量人	记录人

填写说明：额定输入交流电压：(220±22)V，浮充单体电池电压：(13.5～13.8)V/只/25℃；

设备分类：正常、一类缺陷、二类缺陷、三类缺陷；

设备缺陷分类标准：1. 温度超过180℃属于一类缺陷；2. 温度超过120℃低于180℃属于二类缺陷；3. 温度超过70℃低于120℃属于三类缺陷。

(1)电池电压巡检记录："巡检值"填写每一只电池的巡检电压值。"实测值"填写每只电池的实际测量电压值。

(2)异常情况记录：此栏记录值班期间直流设备发生的异常及缺陷处理情况等内容。要求故障现象及处理结果要填写清楚。

项目三　红外线测温记录的填写

红外线测温记录，通过对运行设备各接点温度的测量和记录，及时掌握设备运行状态，确保设备的正常平稳运行。测温工作在每天早、晚进行，每次必须对机房温度、服务器机箱测温一次并记录。如有发热超过30℃，应每小时测试并记录。特殊设备按上级要求测温并记录。新投运设备、检修设备当日必须及时进行重点测温。记录按月保存，保存一年。红外线测温记录见表4－3。

表4－3　红外线测温记录

年　　月

时间	设备名称	测温部位	温度/℃	测量人	记录人

填写说明：每天早晚对机房环境、服务器、工作站设备进行测温并记录。

(1)每班测温记录均单起一页。

(2)“年 月 日 时”填写测温时的具体时间。

(3)“设备编号”填写被测设备的简称。

(4)“设备名称部位及温度”填写设备上具体测温位置及所测最高温度。

(5)“记录人”填写本班进行测温的值班员的姓名。

项目四 设备缺陷记录的填写

设备缺陷记录可以表明设备缺陷的发现及消除情况，并通过设备缺陷的分类，使维护人员能够掌握设备缺陷的严重程度，以便及时消除。填写设备缺陷记录时，必须详细、准确地填写设备缺陷内容，每周由队长审核，按月装订，保存一年。设备缺陷记录见表4-4。

表4-4 自动化设备缺陷记录(月)

序号	变电站	设备名称	缺陷内容	发现日期	发现人	处理日期	消除人	缺陷原因及处理情况	验收人	缺陷分类

填写说明：

(1)“设备名称”填写缺陷设备的名称。

(2)“设备缺陷内容”填写缺陷详细情况。

(3)“缺陷分类”按照《中原油田电力调度自动化系统管理规程》缺陷分类填写。

(4)“发现人”填写设备缺陷发现人的姓名。

(5)“处理日期”填写设备缺陷消除、处理的日期。

(6)“消除人”填写设备缺陷消除人的姓名。如果缺陷是自然消失或系统自动恢复则填写“自然消除”或“自动恢复”。

(7)“验收人”填写对设备缺陷处理情况进行验收的人员姓名。

项目五　事故预想记录簿的填写

事故预想记录簿是调度自动化培训记录的重要组成部分之一，通过对不同时间和季节特点及设备运行状况定期开展事故预想，能进一步提高维护人员对异常现象的分析、判断的能力。该记录每月一次，由队长出预想题目，并由队长或技术员按月审核存档，保存一年。事故预想记录簿见表4－5。

表4－5　事故预想处置预案

编号：　　　　　　　　　　　　　　　　　　　　　　年　　月　　日　　时　　分

预案名称		等级	
涉及部门			
参加人员及联系方式：			
预案事件描述：			
预案启动条件：			
预案处理要求：			
预案处理流程：			
保存部门：			

填写说明：

(1)“编号”格式为“月份—页数”，页数为两位数。如7－09表示七月份的事故预想，其页数为第九页。

(2)“等级”按严重程度分三级，参考《中原油田电力调度自动化系统管理规程》。

(3)“预案名称”填写预想题目。

(4)“预案事件描述”填写预案具体考察的内容。

(5)“预案启动条件”填写预案触发的条件。

(6)“预案处理要求”填写预案处理指标性要求，如：启动预案的时间要求、处理时间要求以及最终达到的效果等。

(7)“预案处理流程”每个处理步骤对应一个序号，步骤按处理的先后顺序填写。

(8)“保存部门”填写站队的名称。

项目六　反事故演习记录簿的填写

通过反事故演习能够有效提高值班人员面对调度自动化系统突发事故的处理、解决能力，为正确处理突发事故和事故状态下避免进一步扩大事故范围，起到积极的作用。反事故演习每月一题每班演练一次，演习题目及方案由队长和技术员共同制定，演练完毕后由队长负责演习评审，并针对不足提出改进措施。记录由队长或技术员按季审核存档，保存一年。反事故演习记录见表4－6。

表4－6　电力调度室自动化队反事故演习记录

<table>
<tr><td>开始时间</td><td colspan="3"></td><td>地　点</td><td colspan="2"></td></tr>
<tr><td>组织部门</td><td colspan="3"></td><td>负责人</td><td colspan="2"></td></tr>
<tr><td>演习题目</td><td colspan="6"></td></tr>
<tr><td>参加人员</td><td colspan="6"></td></tr>
<tr><td>演练记录</td><td colspan="6"></td></tr>
<tr><td>演练评审</td><td colspan="6"></td></tr>
<tr><td>结束时间</td><td></td><td>编写人</td><td></td><td colspan="2">保存部门</td><td></td></tr>
</table>

填写说明：

(1)“开始时间”以主持人发布开始命令的时间为准。

(2)“结束时间”以现场清理完毕、清点参加人员无误后，主持人宣布的演习结束时间为准。

(3)“地点”填写具体演练地点。

(4)“负责人”填写主持反事故演练的站长的姓名。

(5)“参加人员”填写参加反事故演练的所有人员的姓名。

（6）“演习题目”填写当日演习的科目，写清发生事故的具体地点、设备的具体编号以及事故原因。

（7）“演练记录”按实际处理步骤顺序填写，每个步骤单起一行填写。

（8）“演练评审”由队长填写，对本次反事故演练情况进行评价，针对演习中存在的问题和不足提出今后应采取的对策。

（9）“保存部门”：填写站队名称。

单元五　设备巡视和维护

为了监视设备的运行情况，及时发现和消除设备缺陷，预防事故的发生，应对调度自动化设备进行巡视检查。维护人员必须严格按照规程要求，认真负责，一丝不苟地做好设备巡视工作，以杜绝事故发生，确保电网安全运行。

模块一　设备的巡视

项目一　服务器的巡视

1　项目简介

介绍检查巡视自动化系统服务器的硬件运行状态、操作系统及应用系统运行状况的操作步骤和注意事项。

2　操作前准备

备好设备巡视卡。

3　操作步骤

3.1　打开服务器机柜门。

3.2　检查各服务器机器面板上的电源指示灯、硬盘指示灯状态，绿灯为正常，黄灯为告警。

3.3　检查服务器后面板网口指示灯显示状态，绿灯频闪为正常。

3.4　打开 KVM 切换器。

3.5　按 1 ~8 键，逐一切换服务器，进入各服务器显示窗口，检查显示是否正常打开显示界面。

3.6　在桌面点鼠标右键，选择菜单中的“打开终端”打开终端窗口，在终端窗口使用

ping 检查显示界面网络图标显示是否正常。

3.7 填写巡视卡。

4 操作要点

4.1 根据设备巡视卡逐项检查设备状态。

4.2 每检查一项在该项后打勾，出现的问题写在存在问题栏。

4.3 使用 KVM 切换器切换服务器后点击一下鼠标，退出睡眠模式才能正常显示。

5 安全注意事项

检查服务器时不要误碰触电源线导致设备失电，退出运行。

6 突发事故应急处理

见附录一。

7 基础知识技能要求

7.1 掌握基本的微机操作技能。

7.2 了解《D5000 自动化系统工程化手册》。

项目二 工作站的巡视

1 项目简介

介绍检查工作站硬件运行状态、操作系统及应用系统运行状况的操作步骤和注意事项。

2 操作前准备

备好设备巡视卡。

3 操作步骤

3.1 打开工作站机柜门。

3.2 逐一检查工作站机器面板上的电源及硬盘指示灯状态，绿灯为正常，黄灯为告警。

3.3 到各工作站显示器，检查显示窗口内容是否为自动化系统界面。

3.4 填写巡视卡。

4 操作要点

4.1 根据设备巡视卡逐项检查设备状态。

4.2 每检查一项在该项后打勾，出现的问题写在存在问题栏。

5 安全注意事项

检查工作站时不要误碰触电源线，以免设备失电，退出运行。

6　基础知识技能要求

6.1　掌握基本的微机操作技能。

6.2　了解《D5000 自动化系统工程化手册》。

项目三　安全网络防护设备的巡视

1　项目简介

介绍检查安全网络防护设备硬件运行状态的操作步骤和注意事项。

2　操作前准备

备好设备巡视卡。

3　操作步骤

3.1　打开交换机机柜门。

3.2　检查物理隔离面板上的 power、内网、外网指示灯，绿灯闪烁为正常，红灯表示故障，灯灭为电源供电不正常。

3.3　检查防火墙面板上的 PWR、MODEl 指示灯，绿灯闪烁为正常，红灯表示故障，ALM 指示灯亮为告警，灯灭为电源供电不正常。

3.4　检查主网交换机面板上的电源指示灯，灯灭为电源供电不正常；网口指示灯，绿灯闪烁为正常，灯灭不正常。

3.5　检查 web 交换机面板上的电源指示灯，灯灭为电源供电不正常；网口指示灯，绿灯闪烁为正常，灯灭不正常。

3.6　填写巡视卡。

4　操作要点

4.1　根据设备巡视卡逐项检查设备状态。

4.2　每检查一项在该项后打勾，出现的问题写在存在问题栏。

5　安全注意事项

检查工作站时不要误碰触电源线，以免设备失电，退出运行。

6　基础知识技能要求

6.1　掌握基本的微机操作技能。

6.2　了解《D5000 自动化系统工程化手册》。

项目四　软交换设备的巡视

1　项目简介

介绍检查哈里斯软交换平台设备硬件运行状态的操作步骤和注意事项。

2 操作前准备

备好设备巡视卡。

3 操作步骤

3.1 打开哈里斯设备机柜门。

3.2 检查软交换设备面板上的指示灯，绿灯闪烁为正常，红灯表示故障，电源指示灯灭为电源供电不正常。

3.3 检查软交换设备后面板上的网口指示灯，绿灯闪烁为正常，灯灭不正常。

3.4 填写巡视卡。

4 操作要点

4.1 根据设备巡视卡逐项检查设备状态。

4.2 每检查一项在该项后打勾，出现的问题写在存在问题栏。

5 安全注意事项

检查工作站时不要误碰触电源线，以免设备失电，退出运行。

6 基础知识技能要求

6.1 掌握基本的微机操作技能。

6.2 了解《软交换平台 SW9000 用户操作手册》。

项目五 数字录音设备的巡视

1 项目简介

介绍检查数字录音设备硬件运行状态、操作系统、应用系统运行状况以及查听录音的操作步骤和注意事项。

2 操作前准备

备好设备巡视卡。

3 操作步骤

3.1 打开哈里斯设备机柜门。

3.2 检查数字录音设备面板上的指示灯，绿灯闪烁为正常，红灯表示故障，电源指示灯灭为电源供电不正常。

3.3 检查软交换设备后面板上的网口指示灯，绿灯闪烁为正常，灯灭不正常。

3.4 录音文件查听。

3.4.1 在录音系统电脑桌面点击图标“录音查询系统”如图 5－1 所示。

3.4.2 进入录音查询系统登录页面，输入用户名及密码，进入录音查询系统。如

图 5－2 所示。

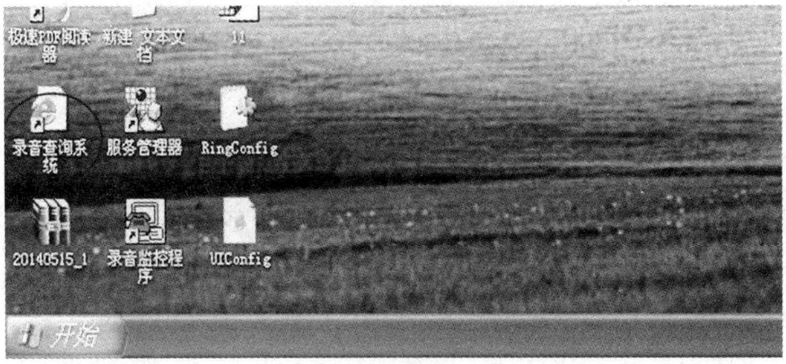

图 5－1　录音查询系统界面

图 5－2　查询列表

3.4.3　用鼠标双击窗口左侧菜单栏中的“录音查询”，进入录音查询界面。

3.4.4　选择需要查询录音的开始日期、结束日期，勾选按号码查询、拨出和来电，点击“搜索”按钮。窗口中列出选择时间段内的录音列表。如图 5－3 所示。

图 5－3　播放图标

3.4.5　选中一条录音文件，点击录音播放图标，播放录音。

3.5　填写巡视卡。

4　操作要点

4.1　根据设备巡视卡逐项检查设备状态。

4.2　检查完一项正常后在本项后打勾，出现的问题在存在问题栏填写问题情况。

5　安全注意事项

检查数字录音设备时不要误碰触电源线，以免设备失电，退出运行。

6　基础知识技能要求

6.1　掌握基本的微机操作技能。

6.2　了解《数字录音系统用户操作手册》。

项目六　视频监控设备的巡视

1　项目简介

介绍视频监控设备的硬件运行状态、操作系统、应用系统运行状况，以及视频镜头巡视检查内容的操作步骤和注意事项。

2　操作前准备

2.1　备好设备巡视卡。

2.2　准备好相关工具：测温仪。

3　操作步骤

3.1　检查海康视频监控服务器、海康视频监控解码器、拼接单元设备面板上的指示灯绿灯闪烁为正常，红灯表示故障，电源指示灯灭为电源供电不正常。

3.2　检查视频监控平台维护工作站，检查海康视频监控综合安防管理平台程序是否在运行状态。

3.3　检查各厂站视频信号是否正常。

3.4　检查镜头信号清晰度、可控镜头是否能正常操作、镜头标签与实际位置是否一致。

3.5　校对镜头时间。

3.5.1　校准视频监控平台维护工作站电脑时间为自动化系统时间。

3.5.2　点击海康视频监控综合安防管理平台窗口上的“基础应用”选择“系统配置”下点击“手动校时”。

3.6　填写巡视卡。

4　操作要点

4.1　根据设备巡视卡逐一检查设备状态。

4.2　检查完一项正常后在本项后打勾，出现的问题在存在问题栏填写问题情况。

5　安全注意事项

检查视频监控设备时不要误碰触电源线，以免设备失电，退出运行。

6　基础知识技能要求

6.1　掌握基本的微机操作技能。

6.2　了解《海康视频监控综合安防管理平台用户操作手册》。

项目七　调度台设备的巡视

1　项目简介

介绍调度台设备的硬件运行状态、操作系统及应用系统运行状况的巡视检查内容、操作步骤和注意事项。

2　操作前准备

备好设备巡视卡。

3　操作步骤

3.1　检查调度台设备面板上的指示灯，绿灯闪烁为正常，红灯表示故障，电源指示灯灭为电源供电不正常。

3.2　检查调度台触摸式显示器，调度台操作界面是否在工作状态，如图5－4所示。

图5－4　调度台界面

3.3　使用普通话机的键盘或使用屏幕上的数字键盘拨号，两种方式发起呼叫，看是否能正常呼出电话。

3.4　用其他电话机拨打调度电话，看调度台是否显示来电显示状态。

3.5　用手点击来话用户看能否正常接听。

3.6 填写巡视卡。

4 操作要点

4.1 根据设备巡视卡逐一检查设备状态。

4.2 检查完一项正常后在本项后打勾，出现的问题在存在问题栏填写问题情况。

5 安全注意事项

检查调度台时不要误碰触电源线，以免设备失电，退出运行。

6 基础知识技能要求

6.1 掌握基本的微机操作技能。

6.2 了解《G2S PM600 调度台操作手册》

模块二　自动化系统的维护

项目一　图形编辑器的使用

1　项目简介

介绍自动化系统图形编辑器的使用方法。通过举例说明，熟悉图形编辑器的主要功能及其人机界面，掌握图形编辑器的基本使用方法。

2　操作前准备

2.1　厂站一次接线图样稿(以小井变一次接线图为例)。

2.2　厂站设备双编号文件。

3　操作步骤

3.1　启动图形编辑器。

启动图形编辑器有3种方式：

方法一：在系统主控台上选择“图形编辑器”图标。

方法二：在终端命令窗口执行GDesigner命令。

方法三：在画面显示(图形浏览器)界面上选择“新建编辑图形”。图形编辑器启动后界面如图5－5所示。

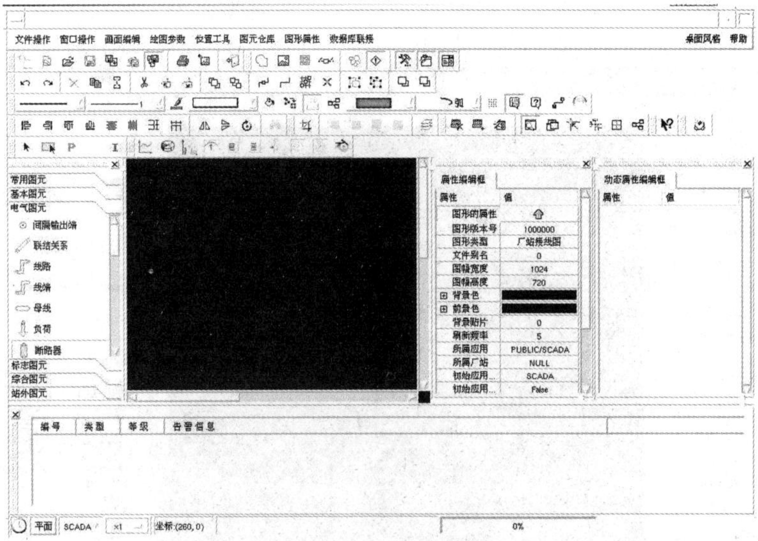

图5－5　图形编辑器

在属性编辑框中设置：图幅宽度、图幅高度、背景色(默认为黑色)，在图形上按照厂站接线图绘制图形。

3.2　绘制线路(以小井变的一次接线图为例)。

在图形左侧工具箱中选取电气图元中的线端，在画面合适位置绘制该线端，如图5-6所示。

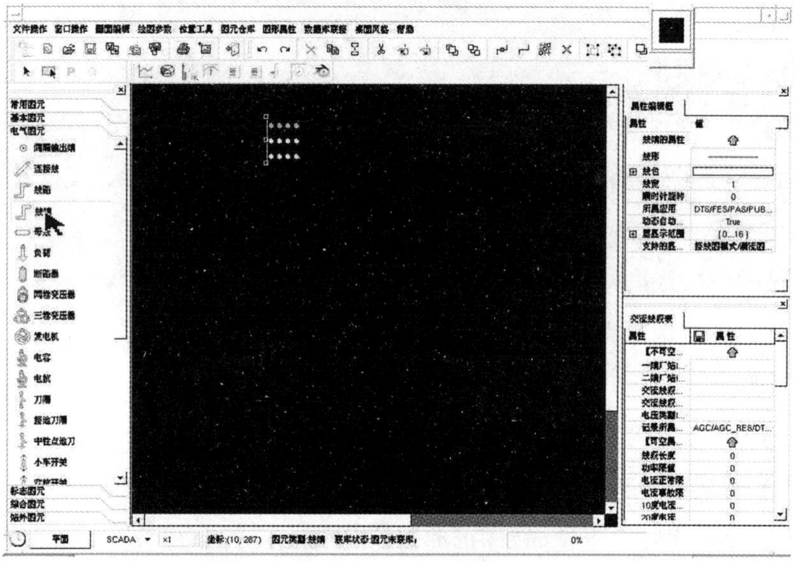

图5-6　图形界面1

此时，该线端旁边出现的3行 **** 是该线端的P，Q，I三个数值，此时因为没有联库，所以显示不出数值。如图5-7所示。

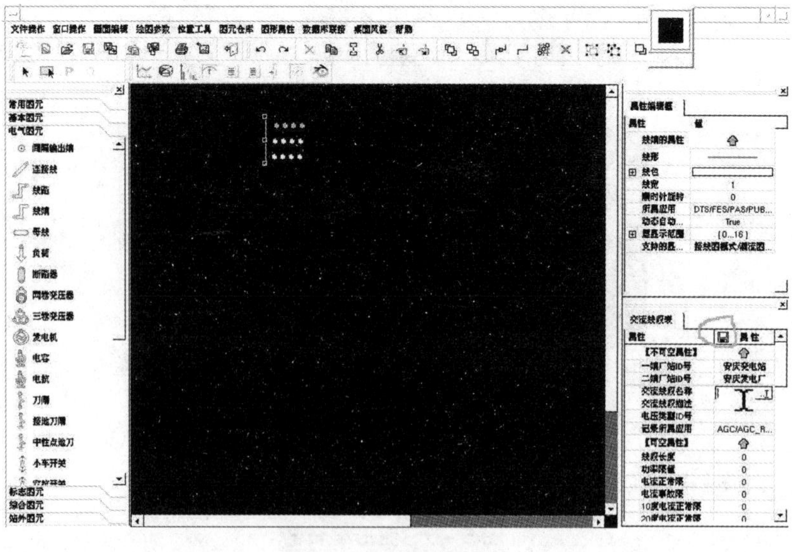

图5-7　图形界面2

3.3　绘制母线、断路器、刀闸。

在图形左侧工具箱的电气图元中选取连接线，该连接线一端连接线端，另一端连接母线。刀闸、断路器均可以直接放置在该连接线上，打断连接线。如图 5－8 所示。

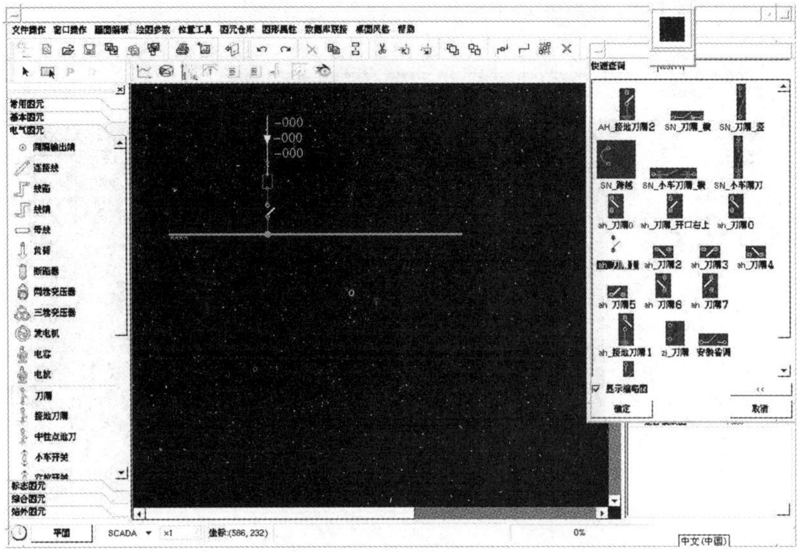

图 5－8　图形界面 3

3.4　绘制变压器。

绘制连接线同母线相连，在图形左侧工具箱的电气图元中选取变压器与该连接线相连。如图 5－9 所示。

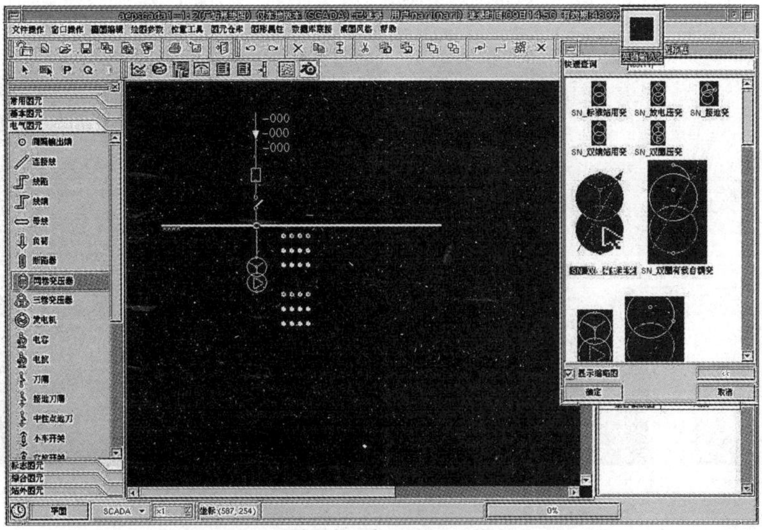

图 5－9　图形界面 4

3.5　绘制间隔图形。

间隔主要由一组相关联的断路器、刀闸、母联、负荷等电力设备组成，通常用到的图元是：断路器、刀闸、母联、连接线等。按照赵村变一次接线图放置间隔中所需的设备图元，并按照接线规则连接。如图 5－10 所示。

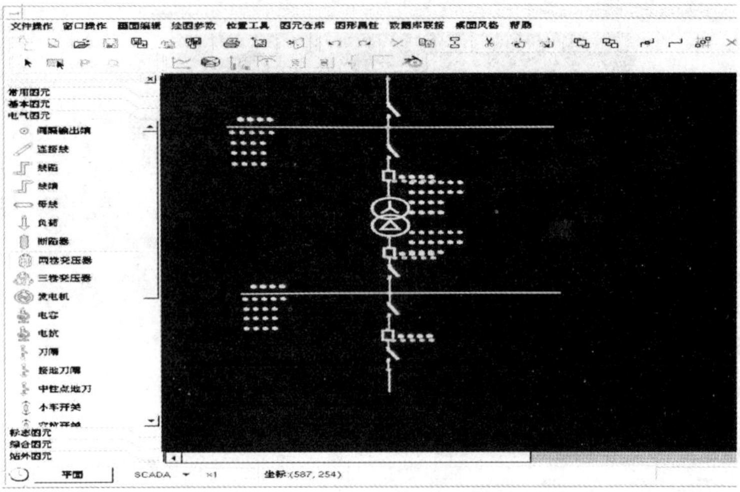

图 5－10　图形界面 5

3.6　图元关联数据库。

厂站一次接线图绘制完成后对母线、变压器、断路器、刀闸等设备图元进行数据库关联。选中一个图元(如母线)，点标鼠标右键打开“作图区菜单”，点击“检索器”，打开检索器，依次选择设备所属厂站，设备表、电压类型 ID、记录。如图 5－11 所示。

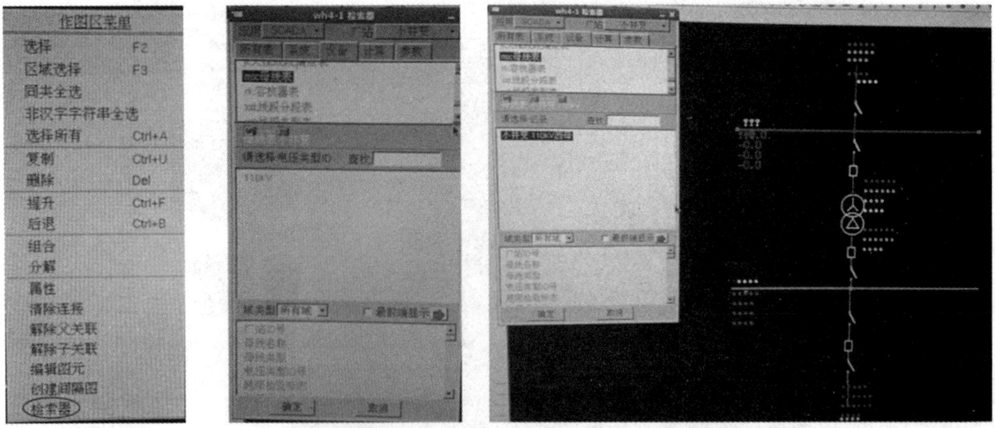

(a)右键菜单栏　(b)检索器窗口　(c)参数选择窗口

图 5－11　图形界面 6

例如：母线关联数据库。鼠标选中母线，右键打开“作图区菜单”，选择“检索器”，选择该母线所属变电站“小井变”、设备表中“母线表”、电压类型ID“110kV”、记录“小井变110kV西母”。其他设备数据库的关联方式与“母线”的方法相同。

3.7　保存图形。

绘制完成厂站一次接线图，所有设备关联完数据库后，点击网络保存图标，进行图形文件保存。在弹出的网络保存窗口中根据厂站设备双编号文件规定输入：文件名、文件别名，选择文件类型为厂站接线图，所属应用选择默认。关联厂站选择“小井变”，点击“确认”，图形保存完成。

4　操作要点

4.1　根据厂站一次接线图样稿，合理布置一次接线图。

4.2　为防止电脑故障，在未完成图形绘制工作前，隔一段时间进行一次本地存盘。全部完成后进行网络存盘。

4.3　为使整个图形美观，根据厂站接线图内设备的多少调整母线的线径，以及断路器、开关的大小。

5　安全注意事项

存盘前认真确认文件名、文件类型及所属应用，确保与厂站设备双编号文件中一致。并由工作监护人复核后方能存盘。

项目二　SCADA数据库的使用

1　项目简介

介绍自动化系统SCADA数据库的使用方法。通过举例说明SCADA数据库主要功能及其人机界面，掌握维护SCADA数据库各信息表的方法。

2　操作前准备

2.1　厂站一次接线图样稿(以赵村变为例)。

2.2　厂站设备双编号文件。

3　操作步骤

3.1　启动数据库有两种方式。

方法一：在系统主控台上选择点击“数据库”图标。

方法二：在终端命令窗口执行dbi命令。

3.2　添加信息表(以赵村变为例)。

3.2.1　添加厂站信息表。

在dbi界面打开/SCADA/系统类/厂站信息表厂站信息表中新加入一条记录，设置域值(图5-12)。

● 厂站名称：赵村变。

● 厂站编号：1。

● 记录所属应用：SCADA/PAS/FES/AGC/DTS/SCADA_RES/PSA_RES/DTS_RES/AGC_RES。

● 厂站类型：变电站。

● 电压等级：110kV。

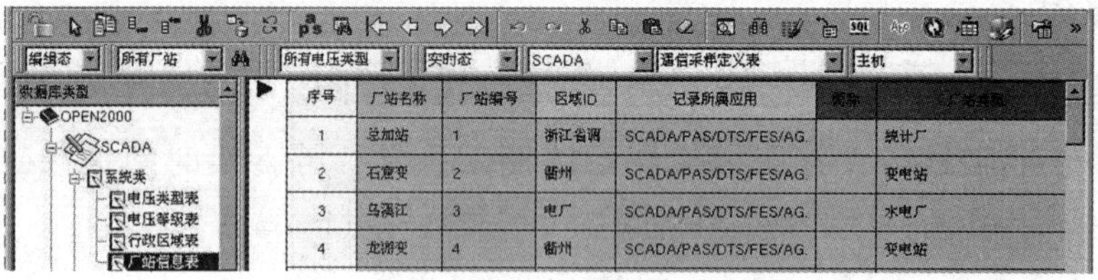

图5-12 厂站信息表

3.2.2 添加间隔信息。

在数据库操作窗口左侧栏“数据库类型”依次选中“调度系统”“SCADA”“设备类”中的“间隔信息表”，新加入一条间隔记录，设置域值。

● 间隔名称：濮赵线。

● 厂站 ID：赵村变。

● 记录所属应用、厂站类型、电压类型 ID：同3.2.1。

说明：一般厂站需要建立的间隔有：主变间隔，母线间隔，母联间隔，进线间隔，负荷间隔，电容器间隔。例如：赵村变需要建立3个主变间隔，110kV、35kV、6kV 母线间隔，母联间隔，进线间隔、负荷间隔、电容器间隔等。

3.2.3 断路器信息表。

断路器信息表增加记录的方法同3.2.2，设置域值。

厂站 ID、断路器名称、间隔 ID、电压类型 ID、断路器类型。根据厂站一次接线图样稿增加所有断路器记录。

3.2.4 刀闸表。

“刀闸信息表”，增加记录的方法同3.2.2，设置域值：厂站 ID、刀闸名称、间隔 ID、电压类型 ID。根据厂站一次接线图样稿增加所有刀闸记录。

注：只经刀闸连接的设备及刀闸属于该设备所在母线间隔。

3.2.5 接地刀闸表。

“接地刀闸信息表”，增加记录的方法同3.2.2，设置域值：厂站 ID、接地刀闸名称、间隔 ID、电压类型 ID。根据厂站一次接线图样稿增加所有接地刀闸记录。

3.2.6　母线表。

“母线表”，增加记录的方法同 3.2.2，设置域值：厂站 ID、母线名称、母线类型、间隔 ID、电压类型 ID。根据厂站一次接线图样稿增加所有母线记录。

3.2.7　变压器表。

“变压器表”，增加记录的方法同 3.2.2，设置域值：厂站 ID、变压器名称、变压器类型、绕组类型、间隔 ID。根据厂站一次接线图样稿增加所有变压器记录。

3.2.8　变压器绕组表。

“变压器绕组表”，增加记录的方法同 3.2.2，设置域值：厂站 ID、变压器绕组名称、变压器 ID 号、电压类型 ID、变压器绕组类型。根据已建立的变压器记录建立所有变压器绕组表。三圈变有高、中、低三侧绕组，二圈变有高、中两侧绕组。

3.2.9　负荷表。

“负荷表”，增加记录的方法同 3.2.2，设置域值：厂站 ID、负荷名称、间隔 ID、电压类型 ID。根据厂站一次接线图样稿增加所有负荷记录。

3.2.10　容抗器表。

“容抗器表”，增加记录的方法同 3.2.2，设置域值：厂站 ID、容抗器名称、间隔 ID、电压类型 ID。根据厂站一次接线图样稿增加所有容抗器记录。

3.2.11　交流线段表。

“交流线段表”，增加记录的方法同 3.2.2，设置域值：一端厂站 ID、二端厂站 ID、交流线段名称、电压类型 ID。根据厂站一次接线图样稿增加所有交流线段记录。

3.2.12　交流线段端点表。

“交流线段端点表”，增加记录的方法同 3.2.2，设置域值：厂站 ID、交流线段端点名称、所属交流线段 ID、电压类型 ID。根据厂站一次接线图样稿增加所有交流线段端点记录。

3.2.13　终端设备表。

“终端设备表”，增加记录的方法同 3.2.2，设置域值：厂站 ID、终端设备名称、设备类型、所属间隔 ID、电压类型 ID。根据厂站一次接线图样稿增加所有终端设备记录。

注：只经刀闸连接到母线的设备属于终端设备，该设备属于所在母线间隔。

3.2.14　保护节点表。

保护节点表不需要逐个记录录入，可以通过导入方式加入 SCADA 数据库。导入步骤：

(1)在调度自动化主界面点击“保护导入”，打开“保护导入”的窗口。

(2)点击“打开”选择事先做好的厂站保护信号文本文件，如“guocun1.txt”，导入该厂站保护信号列表。

(3)选择"设备类型"在打开的窗口中选择"修改"，点击"设备类型窗口"中的"赋予值"右边三个黑点，在出现的"设备类型选择"列表中选择"保护信号"，点击"OK"，所有保护信号的设备类型都设定为"保护信号"。

(4)在"厂站选择"栏选择保护对应厂站，如"郭村变"，点击"校验"，如果保护信号表格正确会出现"校验通过"，再点击"网络保存"按钮。

(5)保存成功后打开数据库进行查验，选择"SCADA"库下"设备类"的"保护节点表"，选择"郭村变"，会看到导入的保护信号。

(6)核对导入的记录数与保护信号文本中的记录数是否一致。

注：厂站保护信号文本文件的制作由变电站综自厂家人员完成并提供。

3.2.15　遥脉量表。

在数据库操作窗口左侧栏"数据库类型"依次选中"调度系统""SCADA""参数类"中的"遥脉量表"，新加入一条记录，设置域值：厂站名称、脉冲量名称。根据厂站的远动遥脉表增加所有遥脉量记录。

4　操作要点

4.1　根据厂站一次接线图样稿，正确设置每个数据库表的第一条记录，正确设置每个记录的域值。

4.2　为防止电脑故障，隔一段时间进行一次网络存盘。

5. 安全注意事项

存盘前认真确认记录各域值，并由工作监护人复核后方能存盘。

项目三　FES 数据库的使用

1　项目简介

介绍自动化系统 FES 数据库的使用方法，通过举例说明 FES 数据库主要功能及其人机界面，掌握维护 FES 数据库各信息表的方法。

介绍在 D5000 自动化系统数据库中添加一个厂站的 FES 数据库下的各类信息表。

2　操作前准备

厂站的通道 IP 地址、规约类型、遥信、遥测、遥脉远动点表。以新建郭村变 FES 数据库为例。

3　操作步骤

3.1　启动 FES 数据库。

方法同项目二 SCADA 数据库的使用 3.1。

3.2　添加通信厂站表。

在数据库操作窗口左侧栏“数据库类型”依次选中“调度系统”“FES”“设备类”中的“通信厂站表”，新加入一条记录，设置域值：最大遥信数，4096；最大遥测数，512；最大遥脉数，256；最大遥控数，128；是否遥控，是。其他设置默认。

3.3　添加通道表。

3.3.1　厂站主通道的设置。在数据库操作窗口左侧栏“数据库类型”依次选中“调度系统”“FES”“设备类”中的“通道表”，找到自动生成的厂站通道记录，如郭村变－104主通道，设置域值：

- 通道名称：郭村变－104主通道，
- 通道编号自动生成；
- 通道类型：网络；
- 网络类型：TCP客户；
- 通道优先级：1～4级选择一个，可以全部都选1级；
- 网络描述：172.3　1.3.×××；
- 端口号：2404；
- 主站地址：1；
- RTU地址：11；
- 波特率：默认1200bps；
- 通信规约类型：IEC－104；

其他设置默认。

3.3.2　厂站备通道的设置。复制上一条通道记录修改域值：

- 通道名称：×××变－104备通道；
- 通道编号：自动生成；
- 网络描述：172.3　1.4.×××；

其他设置与主通道一致。

3.4　维护IEC规约表。

在数据库操作窗口左侧栏“数据库类型”依次选中“调度系统”“FES”“规约类”中的“IEC规约表”，找到自动生成的厂站104通道规约记录，如郭村变－104主通道，设置域值：

- 遥信起始地址：1；
- 遥信地址数：1024；
- 遥测起始地址：4001；
- 遥测地址数：512；

- 电度起始地址：6401；
- 电度地址数：128；
- 遥控起始地址：6001；
- 遥控地址数：128；
- SOE 起始地址：1；
- SOE 地址数：1024；
- 遥测类型：规一化值；
- 遥控类型：单命令。

3.5 维护前置遥信定义表。

3.5.1 在数据库操作窗口左侧栏“数据库类型”依次选中“调度系统”“FES”“定义表类”中的“前置遥信定义表”，选择厂站如“郭村变”，可以看到该表中已列出所有设备的遥信记录。

3.5.2 根据远动遥信点表设置每个设备的遥信点号，前期导入的保护信号的遥信点号已自动生成不用逐个设置。

3.5.3 全部遥信点号设置完成后对“通道一”“通道二”两个域值进行批量设置。设置方法：

(1)点击域值图标，再点“通道一”出现域值设置窗口。

(2)在“请输入域值 等”后面点“选”出现通道列表。

(3)选择厂站的主通道，如“郭村变－104 主通道”，确定，这一域值列的域值全部变为“×××站主通道”。

“通道二”的设置方法如“通道一”，通道选择“×××站－104 备通道”。

3.6 维护前置遥测定义表。

3.6.1 在数据库操作窗口左侧栏“数据库类型”依次选中“调度系统”“FES”“定义表类”中的“前置遥测定义表”，选择厂站如“郭村变”。

3.6.2 该表中已自动化触发的所有设备的遥测记录及母线的电压（Ia、Ib、Ic、P、Q、cosϕ、Ua、Ub、Uc、Uab、Ubc、Uca）。根据远动遥测点表设置遥测记录的点号。设置域值：

- 系数：（用公式计算）；
- 满码值：32768；
- 其他为默认。
- 通道域的设置方法同前置遥信定义表。

注：遥测系数公式：

- 电流　$I=1.2\times CT$（电流互感器变比一次测值）；
- 电压　$U=1.2\times PT$（电压互感器变比一次测值）；
- 有功和无功　$P=1.2\times 1.732\times CT\times PT$（适用 PSL69 系列保护装置）；
  $Q=1.2\times 1.732\times CT\times PT$（适用 PSL69 系列保护装置）；
- $P=3\times 1.44\times CT\times PT$（适用 PSL64 系列保护装置）；
  $Q=3\times 1.44\times CT\times PT$（适用 PSL64 系列保护装置）；
- $P=1.2\times 1.2\times 1.732\times CT\times PT$（适用主变后备保护装置）；
  $Q=1.2\times 1.2\times 1.732\times CT\times PT$（适用主变后备保护装置）；
- 功率因数　$\cos\phi=1$。

3.7　维护前置遥脉定义表。

3.7.1　在数据库操作窗口左侧栏“数据库类型”依次选中“调度系统”“FES”“定义表类”中的“前置遥脉定义表”，选择厂站如“郭村变”。

3.7.2　该表中已列出所有遥脉记录，根据远动遥脉点表设置遥脉记录的点号。设置域值：

- 基数：0；
- 系数：1；
- 其他为默认。

通道域的设置方法同前置遥信定义表。

4　操作要点

4.1　根据厂站一次接线图样稿，正确设置每个数据库表的第一条记录，正确设置每个记录的域值。

4.2　为防止电脑故障，隔一段时间进行一次网络存盘。

5　安全注意事项

5.1　存盘前认真确认记录各域值，尤其是遥测表中的系数，确保系数正确，并由工作监护人复核后方能存盘。

5.2　批量设置域值时要确认记录设置区间，并由监护人复核后方能存盘。

项目四　公式定义的使用

1　项目简介

介绍公式定义的启动方式，以及以数据库中的域作为操作数，进行算术运算或逻辑运算，并支持赋值语句、循环语句、条件语句等，同时在公式定义界面显示计算结果的设置方法(用户根据自己的需求灵活定义系统公式并浏览显示)。

2 操作前准备

需要进行公式计算的统计量及计算公式。

3 操作步骤

3.1 启动公式定义有两种方法。

方法一：在系统总控台上点击“公式定义”图标；

方法二：在终端窗口命令行下运行 formula_define 命令。

系统公式定义与显示界面如图 5－13 所示。

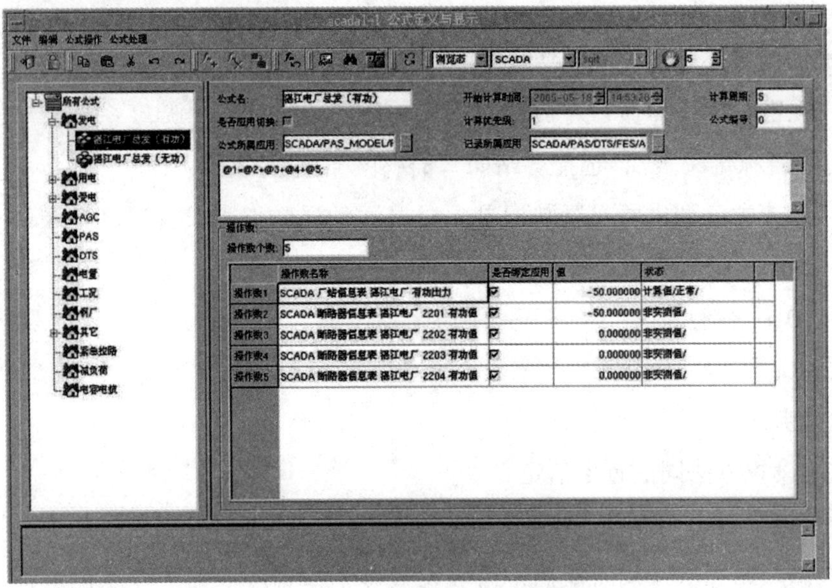

图 5－13 公式定义与显示界面

3.2 文件操作。

3.2.1 用户登录。

在菜单/工具栏中按下“用户登录”按钮，弹出用户登录对话框，输入用户名称、密码以及选择有效期。只有在权限管理中被授权的用户才可以进行公式定义操作。

3.2.2 退出。

点击“退出”按钮，退出公式定义与显示界面。

3.3 编辑操作。

以计算郭村变有功负荷为例，郭村变有功负荷＝郭村变 1#变高有功＋郭村变 2#变高有功。

3.3.1 已具有修改、编辑公式权限的用户登录，切换成“编辑态”。

3.3.2　在已有的公式分类上右键点击，选择“添加新的公式分类”。

3.3.3　在弹出的对话框里输入公式分类名“变电站负荷”，“ok”后，在左边公式分类列表里多了一行“变电站负荷”。

3.3.4　右键点击“变电站负荷”，选择“添加公式”，公式名称里输入“郭村变有功负荷”。

注意：所有公式的“公式名称”不能重复，不论同一分类还是不同的分类下的公式名称一概不能相同，否则提示不能保存成功。

3.3.5　“开始计算时间”默认是公式定义编辑器启动的时间，也可以重新设置，公式从“开始计算时间”开始计算，计算周期默认填5，即5s取一次操作数，算一次结果。

3.3.6　是否切换应用旁的方框打上“√”，计算优先级填1，最优先。

3.3.7　公式编号填0，点击公式所属应用右边的按钮，弹出公式所属应用列表，希望本公式在scada/pas_model下分别计算，点击scada和pas_model前面的方框，方框里出现“√”，点“确定”，记录所属应用有默认设置。

3.3.8　操作数个数填入3，回车，下面便出现三行空白操作数1、操作数2、操作数3。

3.3.9　点击操作数1的操作数名称域，弹出检索器，在检索器里，找到scada/设备类/厂站信息表/郭村变电站/有功负荷，选中有功负荷，点击确定，则操作数1操作数名称域出现了“SCADA 厂站信息表 郭村变电站 有功负荷”，操作数1定义成功。

用同样的方法定义操作数2为scada/设备类/变压器绕组表/郭村变电站/1#主变－高/有功值，操作数3为scada/设备类/变压器绕组表/郭村变电站/2#主变－高/有功值。

3.3.10　是否绑定应用不用定义。

3.3.11　在中间的公式编辑窗口输入“@1=@2+@3;”。

注意“;”一定不能少，@1表示操作数1，即SCADA 厂站信息表 郭村变电站 有功负荷，@2表示操作数2，即1#主变－高/有功值，@3表示操作数3，即2#主变－高/有功值，这个公式就实现了郭村变有功负荷=郭村变1#变高有功+郭村变2#变高有功。

3.3.12　点击“保存公式”，最下方的窗口将提示“语法检查通过!”“记录插入成功!”。

3.3.13　切换到“浏览态”，将“数据刷新”按下，可以看到操作数和计算结果实时刷新。

注：公式优先级：

如果在另一个公式“系统总有功负荷”里，系统总有功负荷=郭村变有功负荷+李拐变有功负荷+……，“郭村变有功负荷”同时也是“系统总有功负荷”的操作数，则公式“系统总有功负荷”的计算优先级要填大于“郭村变有功负荷”(优先级为1)的数值，优先级数值越小优先级越高，即“系统总有功负荷”的公式优先级比“郭村变有功负荷”低，当“郭村变有功负荷”的计算周期和“系统总有功负荷”的计算周期一致，或者是倍数关系时，会碰到某个时刻这两个公式要同时计算的情况，此时，会根据优先级先算“郭村变有功负荷”(优先级数值1)，然后再将“郭村变有功负荷”的结果(郭村变有功负荷)作为操作数，参与“系统总有功负荷”的计算(优先级数值2)。在“系统总有功负荷”的公式里，操作数“郭村变 有功负荷”的子公式域有个红色的箭头，表示此操作数是某个公式的结果，点击红色的箭头，可以切到子公式“郭村变有功负荷”。假如把“系统总有功负荷”的优先级也改成1，和子公式一样，点击“保存公式”，将弹出提示框，提示优先级错误是否保存，假如点击“yes”，按照错误的优先级保存后，仍可以点击“所有公式分量计算优先级校验”，“所有公式分量计算优先级校验”可以对所有公式的计算优先级进行校验，如果发现公式嵌套(某个公式的结果是另一个公式的操作数)并且优先级异常时，会在提示窗给出提示，提示优先级错误!

3.4　特殊公式

计算挡位、挡位(BCD)、功率因数、网供负荷、供网负荷、有功，为特殊的计算公式。可以用前面公式定义手动编辑公式，也可以在数据库SCADA/计算类/特殊计算表里添加记录。

3.4.1　挡位计算。

以郭村变主变#1为例。

(1)每个挡位对应若干个遥信，只有一个遥信状态为合位，其余遥信状态为分。挡位值等于合位遥信所代表的数值。

(2)在dbi/SCADA/计算类/特殊计算表添加一条记录，点击“结果ID域”“结果ID域”有一个光标在闪动，表示这个域进入编辑态。

(3)点击菜单/数据库操作/调用检索器，调出检索器在检索器里选择SCADA/设备/变压器绕组表/郭村变电站/1#主变-高/分接头位置，拖进“结果ID域”。

(4)用同样的方法把SCADA/设备/测点遥信信息表/挡位遥信X分别按顺序添加到ID1，ID2，ID3……中，挡位遥信1填在ID1，挡位遥信2填在ID2，……一共有几个挡位遥信则在来源数目填几。

(5)点击“计算类型”，弹出“计算类型”菜单，选择“挡位”“确定”后，保存表。

则郭村变#1主变挡位=挡位遥信1遥信值+挡位遥信2遥信值×2+挡位遥信3遥信值×3+……+挡位遥信10遥信值×10。

3.4.2　挡位(BCD)计算

(1)每个挡位对应5个遥信，5个遥信中可能有多个遥信的状态为合位，挡位值等于遥信状态为合位的各遥信的代数和。

(2)在dbi/SCADA/计算类/特殊计算表添加一条记录，点击“结果ID域”“结果ID域”

有一个光标在闪动，表示这个域进入编辑态。

(3)点击菜单/数据库操作/调用检索器，调出检索器，在检索器里选择 SCADA/设备/变压器绕组表/郭村变电站/1#主变 - 高/分接头位置，拖进“结果 ID 域”。

(4)用同样的方法把 SCADA/设备/测点遥信信息表/挡位遥信 X 分别按顺序添加到 ID1，ID2，ID3……中，挡位遥信 1 填在 ID1，挡位遥信 2 填在 ID2，……一共有几个挡位遥信则在来源数目填几，本例中填 5。

(5)点击“计算类型”，弹出“计算类型”菜单，选择“挡位(BCD)”，“确定”后，保存表。

郭村变#1 主变挡位 = 挡位遥信 1 遥信值 + 挡位遥信 2 遥信值 ×2 + 挡位遥信 4 遥信值 ×4 + 挡位遥信 8 遥信值 ×8 + 挡位遥信 10 遥信值 ×10。

4　操作要点

4.1　根据给定的公式编写公式。

4.2　公式编写输入法用英文小写状态。

5　安全注意事项

存盘前认真确认公式名称，并由工作监护人复核后方能存盘。

项目五　告警分类定义的使用

1　项目简介

介绍告警定义启动方法，以及分类定义如何在接收到告警报文之后，根据其告警类型得到相应的告警行为，然后在告警行为定义中寻找这个行为包含的告警动作，最后发消息给每台机器上的告警客户端设置方法。

2　操作前准备

2.1　厂站遥信定义表。

2.2　保护定值单。

3　告警定义

3.1　告警定义界面的启动的方法有两种。

方法一：从 OPEN - 3000 系统的主控台上选择，用鼠标左键单击“告警定义”图标；

方法二：在终端命令行直接运行 warn_define。

启动后的界面如图 5 - 14 所示。

3.2　告警动作和告警行为。

在告警定义界面上选择“告警动作和告警行为定义”页面，如图 5 - 15 所示。

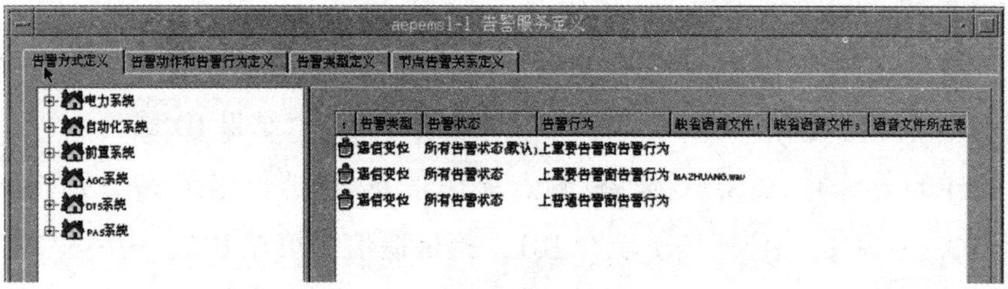

图 5－14　告警定义启动界面

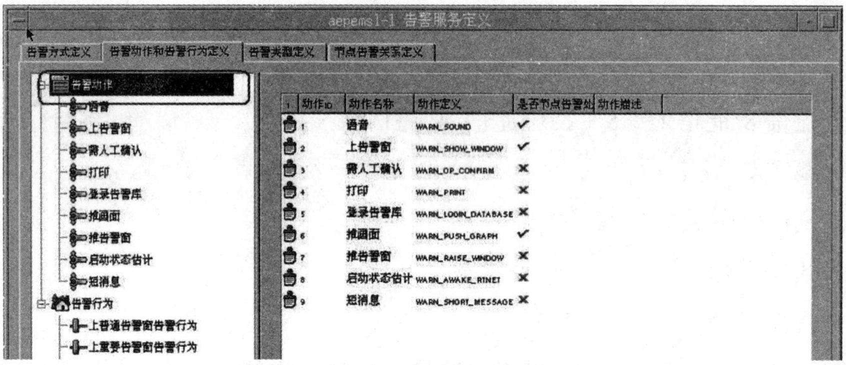

图 5－15　告警定义启动界面

3.2.1　告警动作。

如果选中某一个具体的告警动作，右方显示区就显示出这个动作的属性，包括动作ID、动作名称、动作定义、动作描述等。

注：告警动作的所有信息用户都是不能随意修改的，否则将导致错误的告警或者告警失效，有需要时在工程人员的指导下修改。以下对每一种告警动作做一个说明：

- 语音报警：是指告警发生时播放语音。
- 推画面报警：是指告警发生时把告警厂站对应的厂站接线图全屏放大推在屏幕最前端。厂站接线图在“dbi/SCADA/系统类/厂站信息表”中“接线图名称”域定义。例如，厂站信息表中郭村变的定义的接线图名称是“郭村变 . fac. h. edg”，并且定义了推画面告警动作，则郭村变发出告警时，将把接线图“郭村变 . fac. h. edg”显示在每台机器屏幕的最前面。
- 上告警窗：分为重要告警窗和普通告警窗，如果告警行为同时包含“需人工确认”和“上告警窗”这两个告警动作时，此告警行为上重要告警窗，上重要告警窗的告警都需要人工确认，或者也可以在告警定义时指定“自动确认时间”自动确认，如果某种告警行为不包括“需人工确认”只包括“上告警窗”，则此告警只上普通告警窗。
- 推告警窗：是指当告警窗最小化或者被其他平面挡住时，告警窗将放大并且显示在屏幕最前面(图 5－16)。

3. 2. 2　告警行为。

告警行为是一组告警动作的集合。当一个告警来到时，系统将发生一系列的告警动作来提示用户。

(1)新增告警行为。

右键单击“告警行为”，弹出右键菜单，在弹出的菜单中选择“新告警行为”菜单项，右侧显示区出现空白的告警行为名称和定义，输入告警行为的名称，在行为定义里添加系统已有的告警动作，点击“确认”按钮保存，完成告警行为的定义。

(2)删除告警行为。

在“告警行为”右键菜单中选择“删除所有告警行为”菜单项，可以删除所有告警行为，重新定义。右键点击某个具体的告警行为，弹出右键菜单选择“删除”菜单项，则可删除选中的这个告警行为。

(3)删除告警动作。

如果需要在告警行为中删除其中的一个告警动作，首先选中这个告警行为，以“上重要告警窗告警行为”为例，在右侧显示区通过左向和右向箭头按钮，添加和删除告警动作。在“所有可选告警动作”列表里选中需添加的告警动作，点击左向箭头按钮，将这个动作添加到“告警动作”列表中，也即添加到当前的告警行为中。在“告警动作”列表中选中需删除的告警动作，点击右向箭头按钮，将这个告警动作从“告警动作”列表中删除，也即从当前的告警行为中删除。

3. 2. 3　告警方式定义。

系统中有一张默认告警方式定义表，对常用的告警类型进行预定义，定义了这些告警类型的默认告警行为及其行为的一些参数。在告警定义界面上选择“告警方式定义”页面，左侧列表中列出了系统中的告警类型，如“遥信变位”“遥信操作”等(图 5－16)。

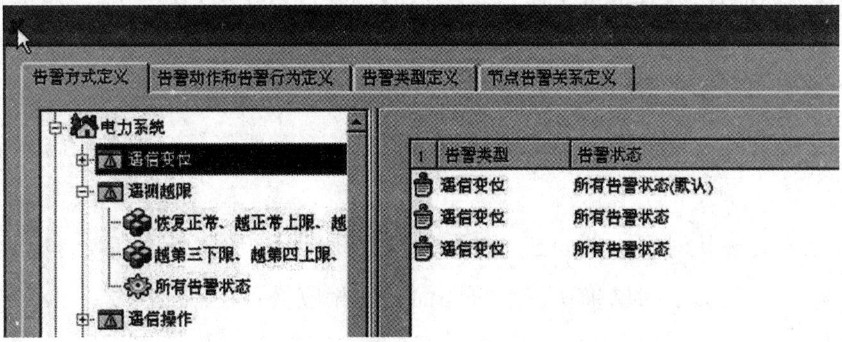

图 5－16　告警方式定义

(1)通过自定义告警方式定义告警行为及其行为的一些参数。例如：设置“遥信变位”的告警参数。

a)右键点击“遥信变位”，选择新默认告警方式，在所有可选告警状态里选中“分闸”，再点击小的右箭头，则右边告警状态里多了“分闸”，同样把左边的“合闸”“分闸(全数据判定)”“合闸(全数据判定)”加到右边来，点击告警行为右边的按钮，弹出之前定义好的告警行为，选择上重要告警窗，点击确认，保存该告警方式，如图5－17所示。

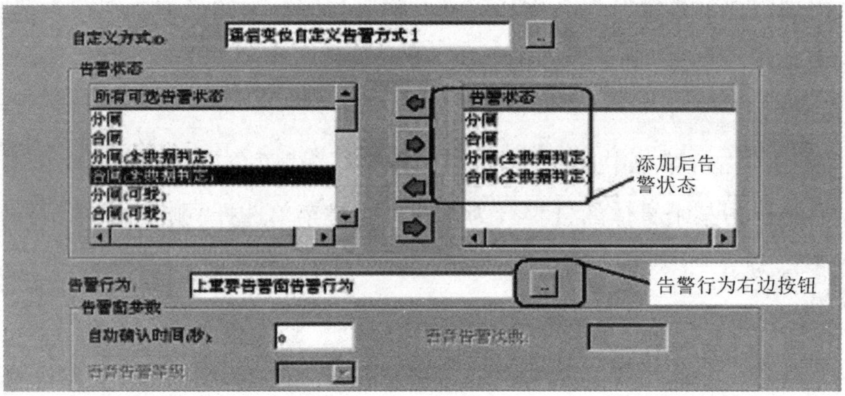

图5－17 告警方式自定义方式

b)右键点击“遥信变位”，选择新默认告警方式，在所有可选告警状态里将剩下的告警状态加到右边，点击告警行为右边的按钮，弹出之前定义好的告警行为，选择上普通告警窗，点击确认，保存该告警方式。

这样就定义好了遥信变位各种不同状态的告警，当告警内容为遥信变位分闸、遥信变位合闸、遥信变位分闸(全数据判定)、遥信变位合闸(全数据判定)时，这些告警内容上重要告警窗，需要人工确认，其他的遥信变位则上普通告警窗。

(2)告警窗参数设置。

a)自动确认时间：只有包含了需人工确认的告警行为才用到这个域，如果自动确认时间为0，则上重要告警窗的信息会一直以未确认开头并且红色不断闪烁，直到在告警窗人工点一下该告警，该条告警记录为蓝色，以已确认开头，如图5－18所示。在接线图上对闪烁的断路器、刀闸、接地刀闸等设备遥信对位也能对重要告警窗的遥信告警确认，如图5－19所示。

如果填了自动确认时间，例如5，则重要告警窗上的告警闪烁5s后，自动由红色变成蓝色，不闪烁，并且显示为已确认；但是画面上的相应设备仍然会闪烁。

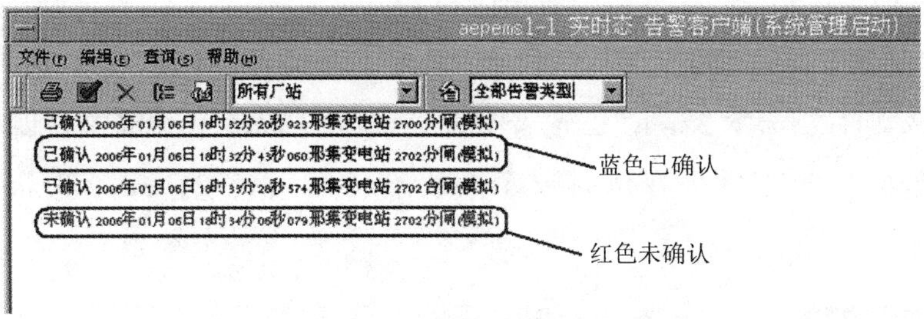

图 5－18　告警确认窗 1

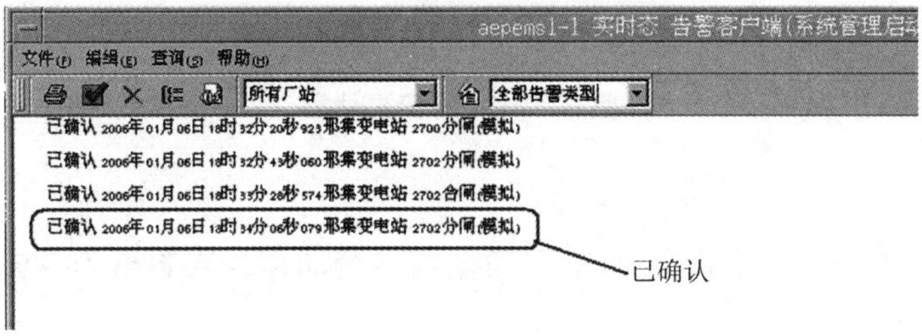

图 5－19　告警确认窗 2

b)语音告警设置：当告警行为里包含语音告警动作时，语音文件和缺省语音文件才有效，语音文件的默认路径是/users/ems/open2000e/data/sounds(图 5－20)。

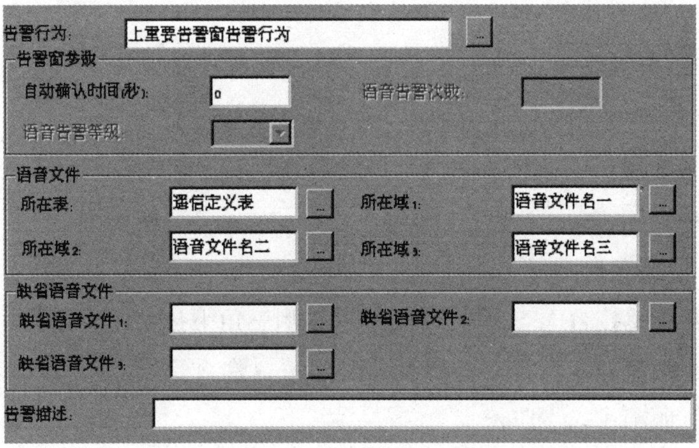

图 5－20　语音告警定义窗

- 语音文件所在表选择“遥信定义表”；
- 所在域 1 选择“语音文件一”；
- 所在域 2 选择“语音文件二”；
- 所在域 3 选择“语音文件三”；
- 所在域 4 选择“语音文件四”。

例如：郭村变 郭金Ⅰ开关 变位设置语音报警：

在遥信定义表"断路器信息表 郭村变 郭金Ⅰ开关 遥信值"记录语音文件一域填"1. wav"，语音文件二域填"2. wav"，语音文件三域填"3. wav"，语音文件四域填"4. wav"，则当郭村变 郭金Ⅰ开关 发生变位时顺序播放语音 1. wav，2，wav，3. wav，4. wav，如图 5－21 所示。

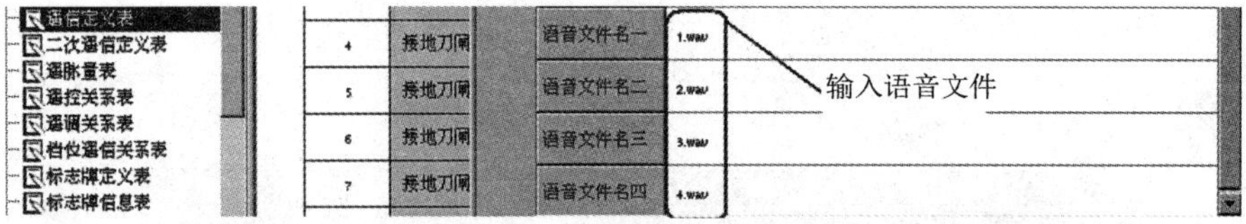

图 5－21 语音文件框

4 操作要点

根据厂站遥信定义表、保护定值单正确设置告警动作、告警行为及告警方式。

5 安全注意事项

告警定义操作时应有监护人在场，并由监护人复核后方能进行告警定义相关设置。

项目六 采样定义

1 项目简介

介绍遥测采样定义的启动方法以及数据采样存储的设置方法。

2 操作前准备

备好厂站遥测点表。

3 操作步骤

3.1 启动采样定义有两种方法。

方法一：在系统总控台上点击"告警定义"右侧三角下拉菜单，选择"采样定义"。

方法二：在终端窗口命令行下运行 sample_define 命令。

采样定义窗口如图 5－22 所示。

3.2 定义需要采样的遥测。

从数据库的存储方式可以将采样定义分为历史采样和实时采样。

3.2.1 定义主动周期采样。

一个厂站的遥测在进行采样时，一般将需要做报表的数值定义为 5min 采样，其他数值可以定义的周期长一点，以节省数据库空间。

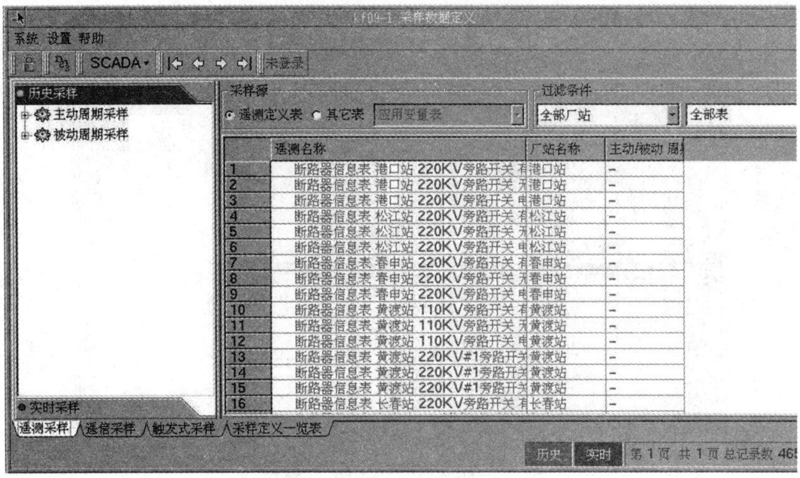

图 5－22　采样定义窗

定义方法如下：

(1)在过滤条件中选择新加的厂站，即列出这个厂站所有的遥测，如图 5－23 所示。

图 5－23　选择厂站遥测表

(2)选择需要定义采样的量。

a)对单个遥测量进行采样定义，鼠标左键点击该条记录，被选中的记录显示阴影背景，如图 5－24 所示。

b)对连续多条遥测量进行采样定义。鼠标左键单击第一条，按住左键拖动鼠标至所需选择的最后一条后松开，被选中的记录显示阴影背景，如图 5－25 所示。

c)对不连续的多条遥测量进行采样定义。按住“ctrl”键，同时鼠标左键单击所需选择的量，被选中的记录显示阴影背景，如图 5－26 所示。

图5－24　遥测选中示意图

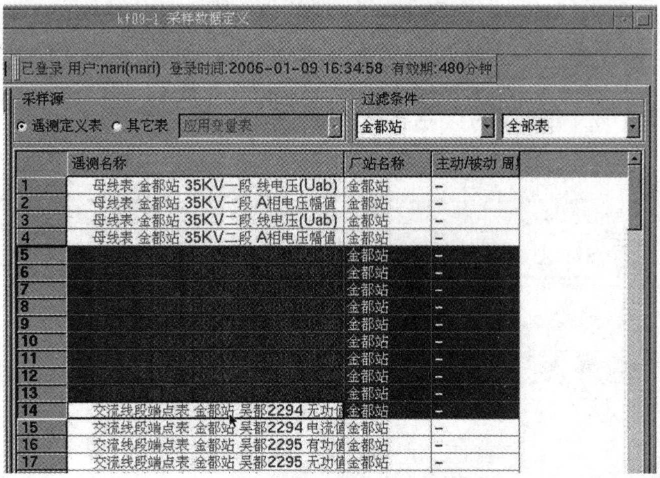

图5－25　多个遥测选中示意图

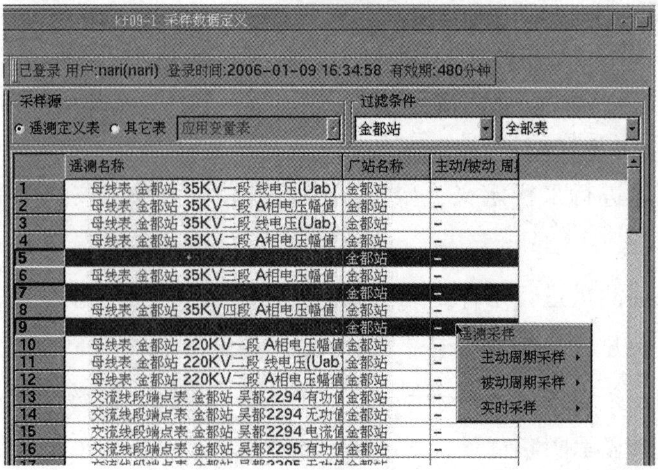

图5－26　采样定义图

(3)对选中的量进行采样定义。

a)鼠标右键所选中的量，弹出下拉菜单。

b)鼠标移动选择主动周期采样，弹出二级下拉菜单，如图 5－27 所示。

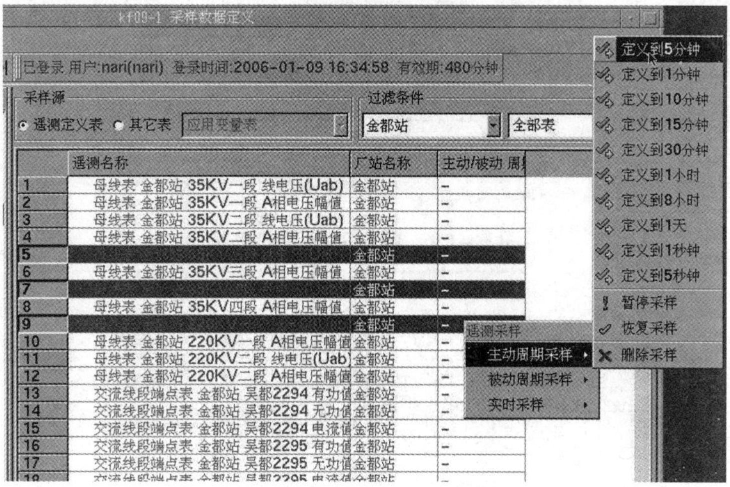

图 5－27 主动采样定义

c)鼠标移动选择采样周期，左键单击选中后会弹出要求确认的窗口，如图 5－28 所示。

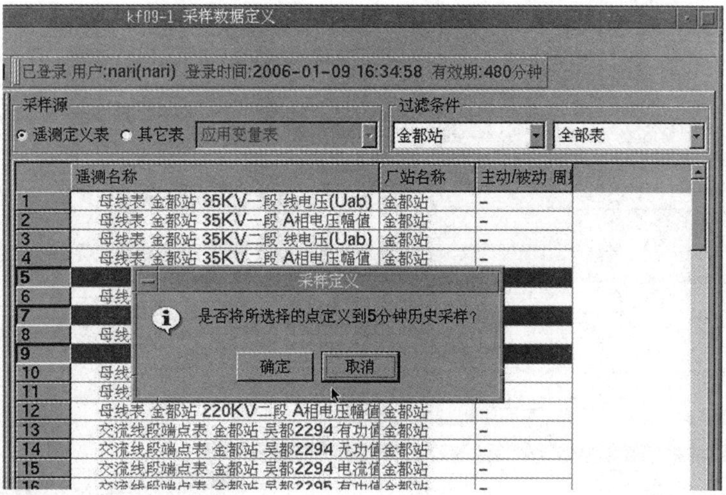

图 5－28 定义确认

d)鼠标左键单击“确定”按钮后即采样定义成功，系统弹出提示窗口，如 5－29 所示。

e)鼠标左键单击“确定” 按钮后操作结束。被定义采样的量左边均有红色实性圆点标注其采样量的存贮方式，圆点颜色的注释在工具窗口的右下方，被定义采样的量右边的周期一栏则显示出其采样周期，如图 5－30 所示。

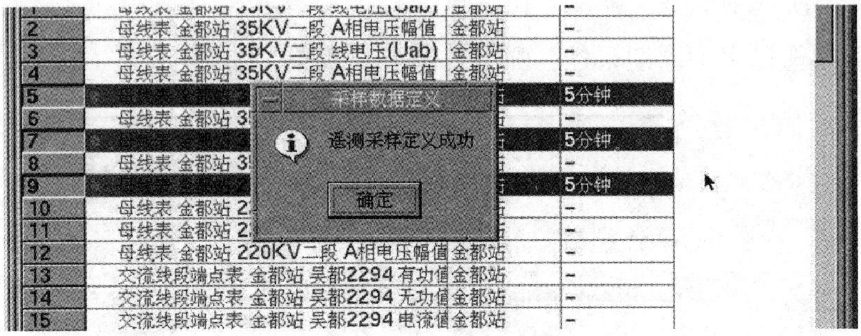

图 5－29　遥测采样定义完成

图 5－30　采样周期列表

（4）如果生成系统阶段改变采样周期，比如说原先是 5min 采样，后来改为 10min 采样，最好把原来的采样删除。

a）删除方法是利用鼠标右键单击所要删除的量，在弹出的下拉菜单中选择其定义的采样方式，在弹出的二级下拉菜单中选择删除采样，如图 5－31 所示。

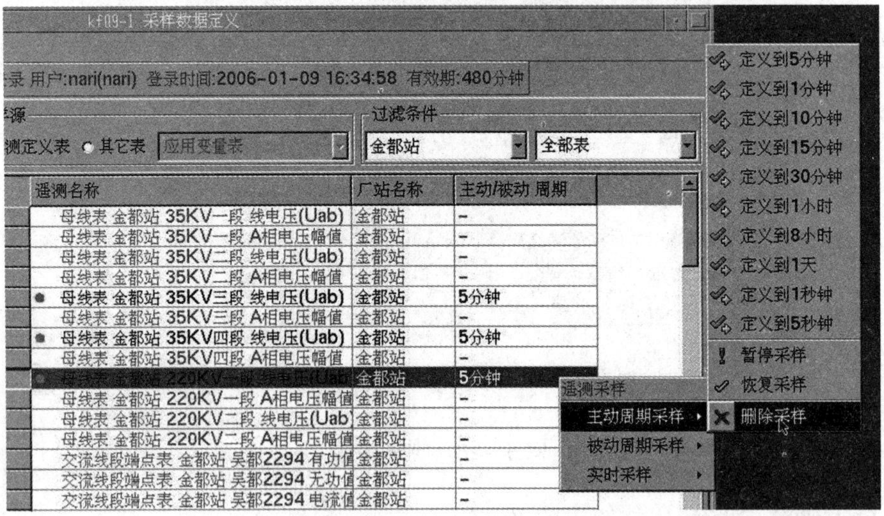

图 5－31　采样定义

b）鼠标左键单击删除采样，弹出删除确认窗口，如图 5－32 所示。

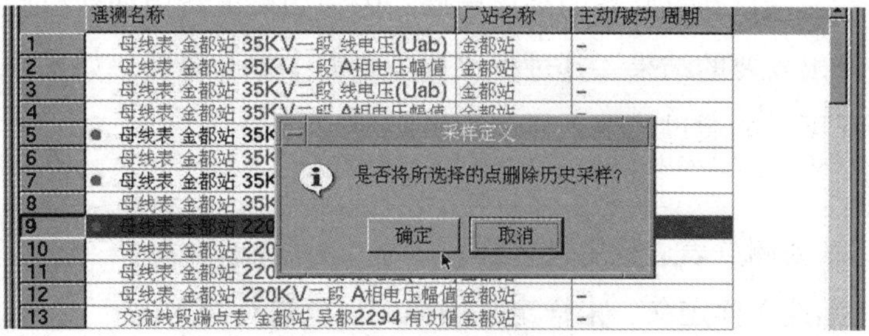

图 5－32　删除采样定义

c) 鼠标左键单击“确定”按钮确认，弹出二次确认按钮，如图 5－33 所示。

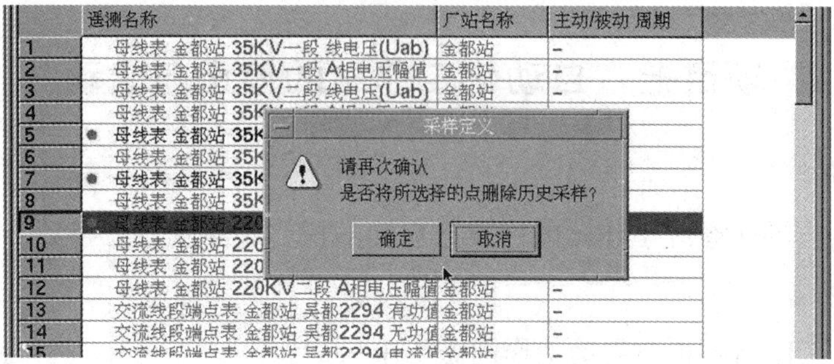

图 5－33　确认按钮

d) 鼠标左键单击“确定”按钮确认即删除成功，系统弹出提示窗口，如图 5－34 所示。

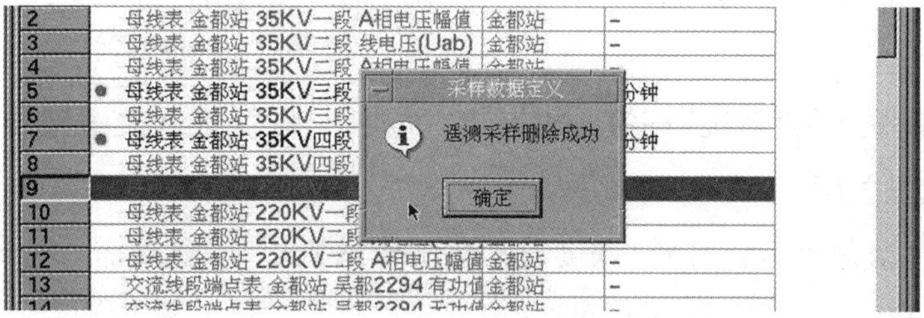

图 5－34　删除按钮

e) 鼠标左键单击 “确定” 按钮后操作结束。被删除采样定义的量左边的实性圆点标注和右边周期一栏显示的采样周期均被去除，如图 5－35 所示（阴影背景的记录即是被删除采样定义的量）。

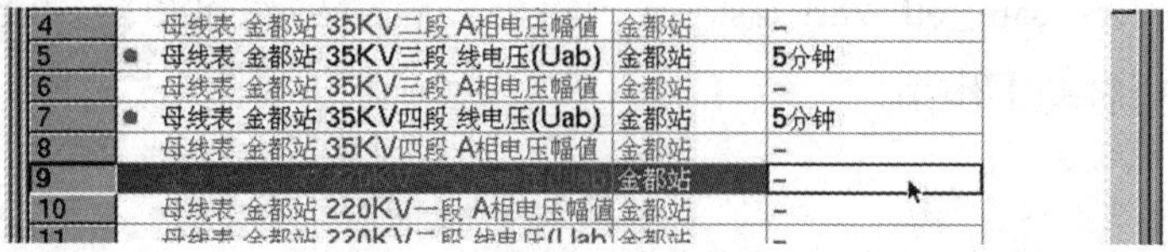

图 5－35　采样定义成功

其后则可以对该量重新定义新的采样周期。因为如果更新周期，以后再做查询时会从两张表中联合查询出需要的结果，其过程比从一张表中查询要慢。如果原来的采样的数据要保留，此种情况下只能通过改变采样周期来实现。

4　操作要点

4.1　根据厂站遥测点表进行定义采样。

4.2　为防止漏选采样定义，采样定义操作完后要进行核对。

5　安全注意事项

采样定义前认真确认厂站遥测名称，确保与厂站遥测表中一致。并由工作监护人复核后方能确认。

项目七　自动化工作站的停止与启动

1　项目简介

介绍 D5000 自动化系统工作站的停止与启动的操作步骤及注意事项。

2　操作前准备

要求使用对工作站停止与启动工作的派工单。

3　操作步骤

3.1　在需要停止的工作站系统桌面点击鼠标右键，再点击“打开终端”，进入终端窗口输入命令：“sam_ctl stop”，回车，停止自动化系统。系统管理成功停止，自动化系统成功退出。

3.2　点桌面左下角“系统”标签，再点击“关机”，系统进入关闭进程界面，退出各项进程后工作站主机关闭。

3.3　进入自动化机房，打开“调度自动化工作站机柜”，找到需要关闭的工作站主机，按电源键按钮开机。

3.4　开机后设备自检，开启各项进程，后进入 linux 系统登录界面。输入用户名：×××，回车。再输入口令：×××××××，回车。系统启动全部进程后进入 Linux 操作系统界面。如图 5－36 所示。

3.5　点击鼠标右键，再点击“打开终端”如图 5－37 所示，进入终端窗口。

3.6　输入命令：sam_ctl start fast －w，回车，启动自动化系统。进入自动化系统界面，系统管理成功启动工作站。

图 5－36　登录界面

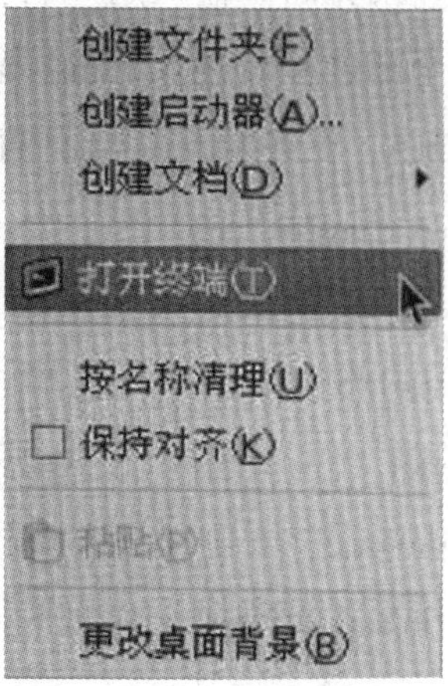

图 5－37　打开终端界面

4　操作要点

4.1　严格根据操作步骤进行。

4.2　输入命令时认真核对。

5　安全注意事项

操作由两人进行，一人操作，一人监护，操作人每操作一步，监护人要进行核验，以免输错命令导致系统瘫痪。

项目八　服务器的停止、启动

1　项目简介

介绍 D5000 自动化系统服务器的启动与停止的操作步骤及注意事项。

2　操作前准备

备好对服务器停止与启动工作的派工单。

3　操作步骤

3.1　打开自动化机房调度自动化服务器机柜 1 中的 KVM 一体机，切换到要停止与启动的服务器上。

3.2　在系统桌面点击鼠标右键，再点击“打开终端”，进入终端窗口输入命令：Sam_ctl stop”，回车，停止自动化系统。终端窗口显示“系统管理成功停止”，自动化系统成功退出。

3.3　点桌面左下角“系统”标签，再点击“关机”，系统进入关闭进程界面，退出各项进程后服务器主机关闭。

3.4　按服务器电源键，启动服务器。开机后设备自检，开启各项进程，后进入 linux

系统登录界面。输入用户名：×××，回车。再输入口令：××××××××，回车。系统启动全部进程后进入 Linux 操作系统界面。

3.5 在终端窗口依次输入命令：

su – oracle

密码：××××××

startdb

exit

data

rm – rf rtdbms

sam_ctl start down

以上命令是启动 SCADA 服务器的命令。

其他服务器启动只要在终端窗口输入“sam_ctl start down”一个命令启动自动化系统，进入自动化系统界面，服务器启动成功。

注：服务器启动时系统自检时间大约 4～5min，linux 系统进程启动时间也比较长。

4 操作要点

4.1 严格根据操作步骤进行。

4.2 输入命令时认真核对。

5 安全注意事项

操作由两人进行，一人操作，一人监护，操作人每操作一步，监护人要进行核验，以免输错命令导致系统瘫痪。

模块三　调度台软键维护

1　项目简介

介绍调度台触摸屏操作界面用户键区设置的操作步骤及注意事项。

2　操作前准备

用户键区的配置内容：用户名，联系电话。

3　操作步骤

3.1　在数字录音系统电脑桌面上打开浏览器。

3.2　在地址栏输入网管系统的网址：172.31.2.2，进入网管登录页面，如图5－38所示。

图5－38　登录界面

3.3　输入用户名、密码、验证码，点击“登录”进入GHT网管维护窗口，如图5－39所示。

3.4　点击“资源管理”下的“设备管理”，打开设备列表。

3.5　选中pm300－1(调度台2001)，再点击“设备配置”，进入调度台的软交换网管系统。

3.6　点击窗口左侧菜单栏内的“软键定义”，在窗口右侧出击软键配置界面。如

图 5－40 所示。

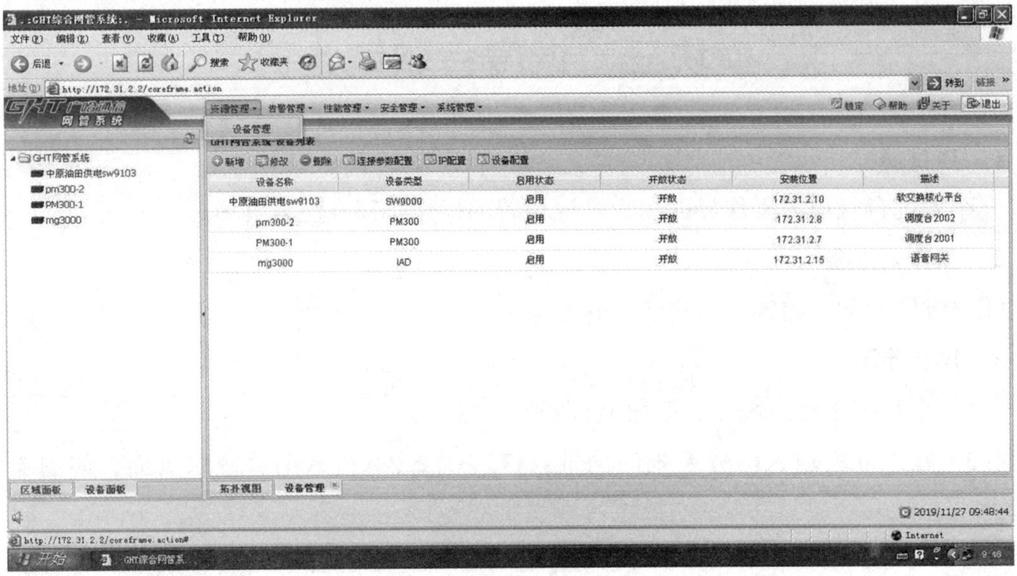

图 5－39　GHT 网管维护窗口

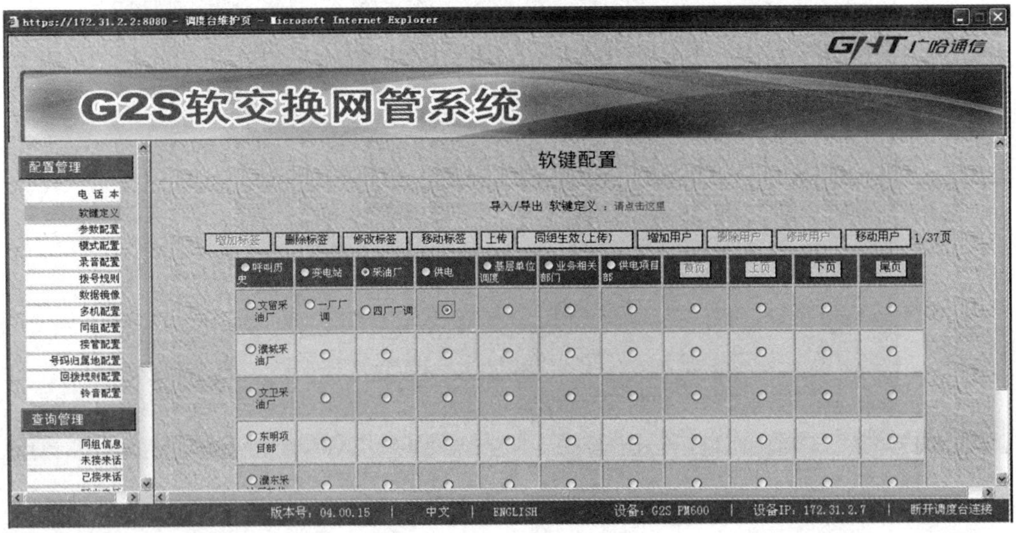

图 5－40　软键定义界面

3.7　软键配置。

3.7.1　增加用户。

选中一个空白用户，再点击“增加用户”，进入增加用户配置界面如图 5－41 所示。根据准备的用户键区的配置内容，输入“用户键名”电话号码 1 的来电、去电（来电与去电一致）。

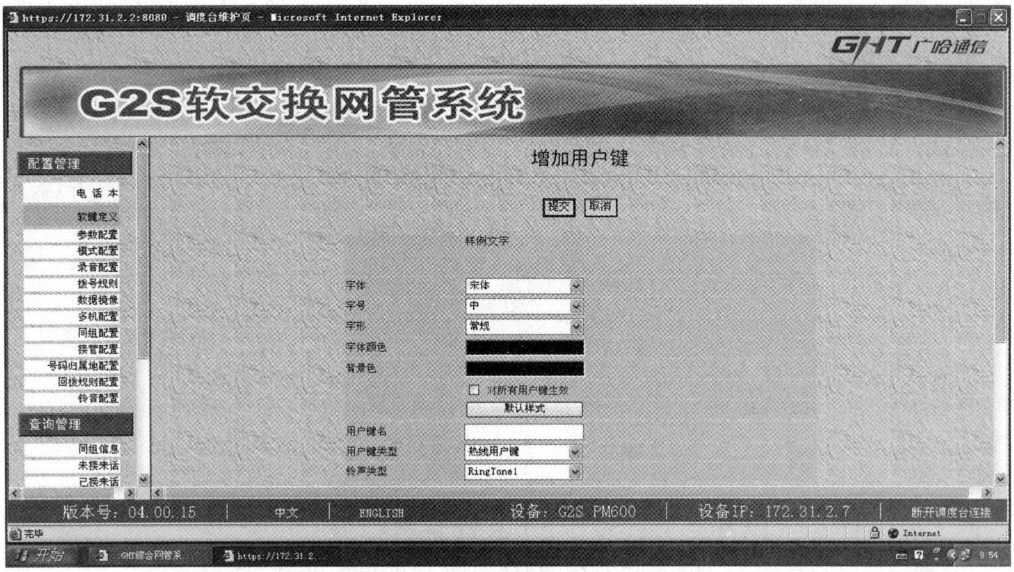

图 5－41　增加用户界面

注：用户有几个电话就设置几个电话号码，如有两个电话，就把电话号码 1 和电话号码 2 都设置。

3.7.2　修改用户。

点击需要修改的用户，再点击“修改用户”按钮，进入修改用户界面，将要求修改的用户名和电话号码，操作方法同 3.6.1 增加用户。

3.7.3　删除用户。

点击需要删除的用户，再点击“删除用户”按钮。

3.8　软键定义配置完后点“提交”按钮，返回到软键配置界面。

3.9　点击“上传”按钮，软键定义文件上传到调度台 1。

3.10　再点击“软键定义导入导出”旁的蓝色字“请点击这里”，如图 5－42 所示。

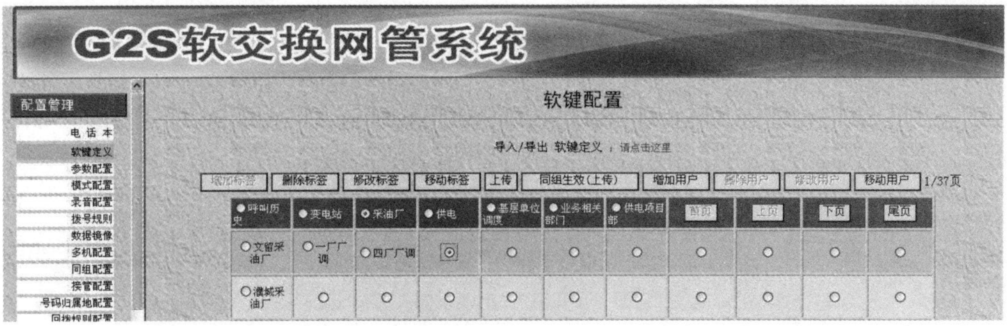

图 5－42　导出界面

3.11　在打开的窗口中点击“导出”按钮。软键定义文件保存为默认路径中的 UIConfig 文件，如图 5－43 所示。

图 5－43　导出路径界面

3.12　退出软交换网管系统，返回 GHT 网管维护窗口。选中 pm300－2(调度台 2002)，再点击“设备配置”，进入调度台 2002 的软交换网管系统。

3.13　再点击“软键定义导入导出”旁的蓝色字“请点击这里”，在打开的窗口中点击“导入”按钮。打开默认路径中的 UIConfig 文件。点击“上传”按钮，软键定义文件上传到调度台 2。

3.14　打电话给调度员，确认新增或修改电话已经显示在调度台触摸屏上，软键维护结束。

4　操作要点

4.1　严格根据操作步骤进行。

4.2　认真核对用户名和电话号码。

5　安全注意事项

操作由两人进行，一人操作，一人监护，操作人每操作一步，监护人要进行核验，以免输错导致调度台打出电话错误。

单元六　电力调度自动化故障处理

模块一　调度自动化设备故障处理

项目一　计算公式错误故障处理

1　故障现象

统计显示值与实测值计算不符。

2　分析判断

计算公式错误。

3　处理步骤

3.1　打开计算公式对话框，检查各个参数设置是否正确，有无实时数据。

3.2　检查计算公式的优先级设置是否正确，若参数为实时采集的数据，优先级设为1，若参数同样为计算的参数，优先级设为2。

3.3　检查计算公式是否正确。

4　注意事项

4.1　计算公式是电网统计数据的基础，认真核对计算公式中的参数。

4.2　计算公式中的参数来源于实时数据或者其他的计算结果，必须认真检查各个参数的正确性。

项目二　遥测数据错误故障处理

1　故障现象

遥测数据与现场装置数据显示不一致。

2　分析判断

2.1　遥测量关联错误。

2.2　录入数据库的遥测顺序与实际遥测表不对应。

2.3　录入数据库的系数不对。

2.4　不合理上下限值设定。

2.5　装置遥测采集故障。

3　处理步骤

3.1　遥测量关联错误。

3.1.1　打开错误数据所在的一次接线图，将鼠标放在该数据位置，就会出现该数据的动态数据：厂站名称、设备名称、值域名、状态域、值班通道、数据状态等，核对该遥测值与该线路关联是否一致。

3.1.2　若关联错误，打开该数据所在的一次接线图点击“窗口操作”—“新建一次接线图”，点击该数据右键“检索器”打开数据库，找到该对应的遥测值。

3.2　录入数据库的遥测顺序与实际遥测表不对应。

3.2.1　打开主控台－数据库图标，找到该厂站，打开“FES”—“前置遥测定义表”，找到该遥测点。

3.2.2　根据遥测点表，输入正确的遥测点号。

3.3　录入数据库的系数不对。

3.3.1　检查装置测量 CT。

3.3.2　根据装置类型采用不同的计算公式。

3.3.3　根据选取的远动规约类型，在 D5000 系统前置遥测数据库中合理设置满码值，CDT、DISA 满码值为 4096，101、104 规约满码值为 32768。

3.4　上下限值设定。

打开主控台－数据库图标，找到该厂站，打开“SCADA”—“参数表”—“遥测定义表”将上限值和下限值取消。

3.5　装置遥测采集故障。

在调度员工作站中，如果某条线路的所有遥测量均显示不正确，首先查看装置上显示的电压、电流与在装置端子侧测量的不一致，则有可能是装置问题，通知检修公司人员进行处理。

4　注意事项

4.1　合理区分保护 CT 和测量 CT，遥测数据的系统一定要选取测量 CT。

4.2　认真查看装置的类型，类型不同则计算公式不同。

项目三　遥信信号错误故障处理

1　故障现象

1.1　某些位置信息的错误。

1.2　遥信变位错误。

2　分析判断

2.1　对数据库信息存在定位错误。

2.2　传输通道的影响。

2.3　接线松动或者接线错误。

2.4　由于开关原因产生的物理动作部分。

3　处理步骤

3.1　首先对相关保护装置进行检测，看站端后台机和主站端的信号是否一致，一致的话说明此部位不存在问题，而一旦不一致，那说明此处一定存在问题。

3.2　如果上述所讲两者信号一致，保护装置正常运行，那么可以对站端后台机和主站机信号进行检测，如果两者都正常，那么可以检测保护装置和运动机之间的信号。

3.3　如果保护装置、主站信号、站端后台机均异常。

如果在检查过程中发现保护装置、主站机、站端后台机都存在问题，那么就需要进一步对保护装置进行检测，看其中间的相关通信是否正常，相关线路是否损坏。

3.4　如果保护装置、主站、站端后台机等信号正常，只有其中的某一个信号是不正常的，那么此时要对数据库进行分析和仔细检查，看其线路是否正常，并且，如果主站有信号而站端无信号的话，那么就需要对后台和运动机进行检查。

4　注意事项

4.1　数据采集服务器的遥信电表要与远动服务器上传的电表一致。

4.2　调度主站与厂站遥信起点要一致。

项目四　语音报警错误故障处理

1　故障现象

1.1　实际操作设备与语音合成的语音不一致，例：当调度员下令操作黄庄变313黄卫二线断路器由分到合时，语音报警为：黄庄变312柳黄卫二线由分到合。

1.2　信号无语音。

2　分析判断

2.1　语音合成错误。

2.2 语音未定义。

3 处理步骤

参考单元五 模块二 项目五 告警分类定义中的告警窗参数设置语音告警。

4 注意事项

4.1 语音合成文件格式正确。

4.2 语音定义3个文件一定要正确。

项目五 遥控拒跳故障处理

1 故障现象

1.1 遥控命令不能下发。

1.2 遥控命令能下发，但是返校命令超时。

1.3 遥控命令能下发，返校命令正确，但是遥控执行超时。

2 分析判断

2.1 遥控命令不能下发。

原因：某场站的应用程序定义某点至另一点位开关设备遥控序号，剩余为挡位遥控序号，此时如果出现遥控序号定义区间不一致的情况则便会出现遥控拒动问题。

2.2 遥控命令能下发，但是返校命令超时的原因有3种：

- 变电站保护装置“远方”“就地”控制把手未打在“远方”位置；
- 远动通信服务器未开放遥控功能；
- 变电站保护装置遥控出口出现故障。

2.3 遥控命令能下发，返校命令正确，但是遥控执行超时的原因：

断路器机构或者二次回路故障。

3 处理步骤

3.1 遥控命令不能下发。

3.1.1 打开主控台界面上的“数据库”，找到该厂站的数据库。

3.1.2 在该厂站数据库中，打开“参数库”—“遥信定义表”，查看该厂站的断路器“是否遥控”是否设置为是，更改之后点击“网络保存”按钮。

3.1.3 在该厂站数据库中，打开“参数库”—“遥控关系表”，查看该断路器的遥控点号与遥控点表号是否一致，更改之后点击“网络保存”按钮。

3.2 遥控命令能下发，但返校命令超时。

3.2.1 利用Psxview软件打开“xxx. psx”文件，打开“参数配置”—“PSX600环境设置”—“远传配置”查看遥控选项是否打“√”，如果打“√”将其删除。

3.2.2　查看保护装置“远方”“就地”控制把手，将其控制把手打在“远方”位置。

3.2.3　利用变电站后台进行远程遥控操作，若遥控不成功，则说明变电站保护装置遥控出口出现故障，及时更换。

3.3　遥控命令能下发，返校命令正确，但是遥控执行超时。

3.3.1　将保护装置“远方”“就地”控制把手，将其控制把手打在“就地”位置，进行就地操作。

3.3.2　若就地操作失败，对二次回路或者断路器机构进行检查。

4　注意事项

4.1　进行遥控操作时，要先核对设备的双编号，确保正确。

4.2　遥控操作时，一定要等到返校命令提示，才能进行下一步操作。

4.3　遥控操作时，一定要经过监护人确认。

项目六　通道中断故障处理

1　故障现象

某站信息不变化，遥测数据不更新，为一直线；该站产生的告警信息接收不到，而其他变电站信息正常。

2　分析判断

2.1　该站内部电话中断，调度室无法取得联系。

2.2　调度室无法观看该站视频图像。

3　处理步骤

3.1　检查该变电站远动服务器指示灯指示是否正常，包括电源灯、运行灯、网络接口1、网络接口3、网络接口4、COM板指示灯，正常时为“绿灯闪烁”，故障时，指示灯不亮。

3.2　若远动服务器指示灯指示正常，可判断是该站通道故障。

3.3　为进一步确定通道故障，考虑是否规约问题，用软环的方式(通过前置机规约报文，召唤全数据的方式)判断返回的报文，没有收到则是通信通道故障。

4　注意事项

远动服务器里面的插板较多，重启完之后要确认所有的插板指示灯正常闪烁。

项目七　数据曲线不能调取故障处理

1　故障现象

右键点击打开数据曲线时，数据曲线显示未定义。

2 分析判断

2.1 数据采样未定义。

2.2 数据采用定义错误。

3 处理步骤

3.1 在自动化维护工作站界面上打开“采样定义”表。

3.2 进入“主动周期采样”，下拉菜单中出现5min、1min、10min一系列事件设置，默认选用5min。

3.3 点击“5min”右键，选择“主动周期采样”“定义到5min”，即可完成数据采样定义。

具体方法参照单元五 模块二 项目六 采样定义内容。

4 注意事项

4.1 采样定义一定要设置为主动采样，不能设置为被动采样。

4.2 采用定义选定的周期为5min，若选择时间间隔过大，会造成遥测数据统计出现偏差。

项目八 遥测数据不刷新故障

1 故障现象

1.1 单条线路出现遥测数据不刷新。

1.2 多条线路出现遥测数据不刷新。

2 分析判断

2.1 单条线路出现遥测数据不刷新原因。

2.1.1 人工置数引起遥测数据不刷新。

2.1.2 装置通信故障引起遥测数据不刷新。

2.2 多条线路出现遥测数据不刷新的原因。

2.2.1 该站通道有故障。

2.2.2 站端远动通信服务器。

3 处理步骤

3.1 单条线路出现遥测数据不刷新。

3.1.1 人工置数引起的遥测数据不刷新。

(1)打开数据不刷新所在的一次接线图，将鼠标放在该数据位置，就会出现该数据的基本参数，包含：厂站名、设备名称、值域名、状态域、值班通道、电流状态等参数，查看电流状态是否为“置数”。

（2）若电流状态为“置数”状态，将鼠标放在该数据上面，点击右键出现“全遥测街封锁”即可。

3.1.2　装置通信故障引起遥测数据不刷新。

（1）检查该条线路对应的测控装置是否掉电，若是装置的电源模块故障，则及时更换装置的电源模块即可。

（2）检查该装置网络接口、站内交换机对应的接口是否闪烁，若无闪烁，用网络测试仪测试是否正常。

（3）通过后台机中 ping 该装置的 IP 地址，打开电脑左下角开始图标，在“搜索程序和文件”中输入 ping xxx. xxx. xxx. xxx，按回侧键即可，若正常会出现图 6 – 1 界面信息。

图 6 – 1　ping 命令显示信息

若出现超时，则会出现“请求超时”则认为是该装置与监控系统出现通信中断造成遥测数据不刷新，可以重新启动该装置电源，若重新启动后，还出现超时情况，则及时更换该装置的通信板来解决。

3.1.3　多条线路出现遥测数据不刷新的原因。

（1）打开调度自动化系统主控台界面，打开“FES”—“通道监测”，查看该变电站的通道指示灯，绿灯表示正常，红灯表示中断。

（2）检查站端通信管理机，首先将通信管理机重新启动，排除因通信管理机长期运行出现死机引起的故障。

（3）再查看通信管理机背面 CPU 板 COM 口的收发信号线，接线是否松动、正确。

（4）在接线正确无松动的情况下，再更换 CPU 板上备用串口，查看是否为串口损坏而引起的故障，在排除上述原因后则有可能是 CPU 模块异常，更换同型号通信板即可。

4　注意事项

4.1　首先要正确判断数据不刷新的原因，严格按照处理步骤进行操作。

4.2　保护装置的测量 CT 变比一定要定时核对，出现更改时，要及时做好恢复系数的更改。

模块二　软交换设备故障处理

项目一　软交换平台故障处理

1　故障现象

1.1　调度台电话无法接听和拨打。

1.2　调度台电话频繁中断与接通。

2　分析判断

2.1　软交换平台系统出现故障。

2.2　两台软交换平台网络连接松动。

3　处理步骤

3.1　查看软交换平台指示灯是否正确，若出现红灯，则平台故障。

3.2　查看两个平台之间网络接口指示灯是否闪烁，若无闪烁，重新连接之间的网线。

3.3　将两个平台断开电源，直接重启即可。

4　注意事项

4.1　重启平台时，确保两个平台之间的网络正常，否则调度台电话还会出现频繁中断现象。

4.2　若能登录到平台上，一定要通过软启动。

项目二　调度台故障处理

1　故障现象

1.1　调度台界面左下角显示软交换处于断开状态。

1.2　调度台电话处于忙音状态，电力调度室无法通过调度台拨通变电站电话。

2　分析判断

2.1　调度台与软交换平台之间网络中断，导致之间无法连接。

2.2　调度台采用 Windows 系统，容易出现死机现象。

3　处理步骤

3.1　查看调度台左下角软交换工作状态，若处于断开状态，则说明调度台未注册到软交换平台。

3.2 调度台与软交换平台之间的连接方式为“调度台 - 交换机 - 汇集交换机 - 软交换平台”，首先查看交换机和汇集交换机的工作状态，如：电源指示灯(闪烁正常)，网络接口指示灯(闪烁正常)，若指示灯指示不正常，重启电源开关和插拔网络接口网线。电源指示灯指示还是不正常，则进行更换交换机。若网络接口指示灯不亮，利用网络测试仪进行测试，将需要测试网线两端插入到网络测试仪，若网线正常，测试仪 1 ~8 指示灯依次亮，则说明网线正常。

3.3 检查软交换平台指示灯，若指示灯故障，处理步骤见单元六 模块二 项目一软交换平台故障处理。

4 注意事项

4.1 注意重启调度台时，容易丢失相关数据。

4.2 处理故障时，一定要双人进行，防止误操作。

4.3 操作时严格按照电力调度自动化操作规程进行。

单元七　仪器仪表的使用

项目一　9205 型数字万用表的使用

1　准备工作

1.1　检查万用表外观正常，表笔接线无破损。

1.2　将黑表笔插入“COM”插孔，红表笔插入 V/Ω/Hz 插孔。

1.3　检查万用表电池电量充足。

2　面板简介

数字万用表(①9205 型数字万用表如图 7－1)面板显示及作用：

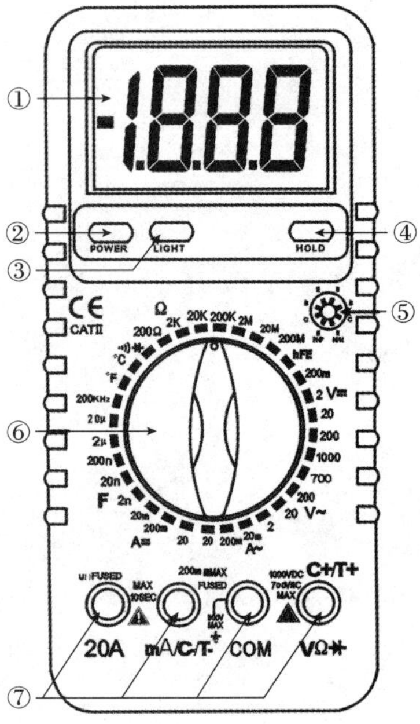

图 7－1　19205 型数字万用表

①—液晶显示器：显示仪表测量的数值及单位；②—POWER 电源开关：开启及关闭电源；③—LIGHT 背光开关，开启及关闭背光灯；④—HOLD 保持开关：按下此功能键，仪表当前所测数值保持在液晶显示器上，再次按下，退出保持功能状态；⑤—HFE 测试插座：用于测量晶体三极管的 HFE 数值大小；⑥—旋钮开关：用于改变测量功能及量程；⑦—电压、电阻、频率及温度插座、小于 2A 电流及温度测试插座、20A 电流测试插座、公共地。

3　直流电压测量

3.1　按下 POWER 电源开关，打开数字万用表。

3.2　将黑表笔插入“COM”插孔，红表笔插入 V/Ω/Hz 插孔。

3.3　将量程开关转至相应的 DCV 量程上。

3.4　将测试表笔跨接在被测电路上，红表笔所接的该点电压与极性显示在屏幕上，单位为 V；若显示正读数，表明红表笔接的是正极；若显示负读数，表明红表笔接的是负极。

3.5　测量完毕，按下 POWER 电源开关，关闭数字万用表，清理现场。

项目二　网线测试仪的使用

1　准备工作

1.1　检查网线测试仪外观正常。

1.3　检查万用表电池电量充足。

2　面板简介

测试仪面板如图 7－2 所示。

3　网线的测试

3.1　将做好的直通线或者交叉线的两端分别插入这两个接口，如图 7－3 所示。

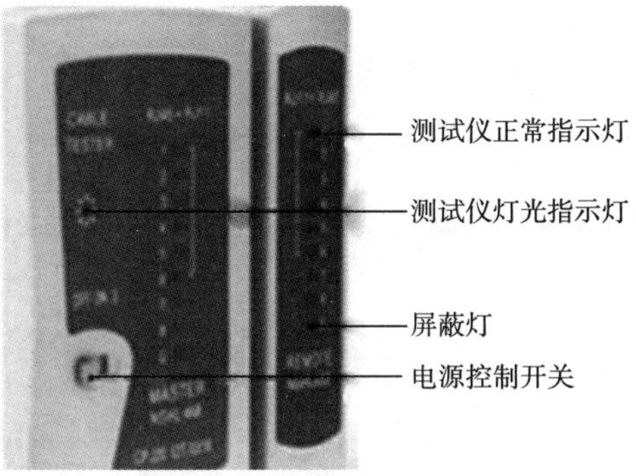

图 7－2　图面板指示说明

图 7－3　接口指示

3.2　打开此处的开关，将开关拨到“ON”(S 为慢速挡，有些型号的开关在设备侧面)。

仔细查看这两处网线灯的亮起顺序，这步是判断网线是否通的重要一步。

如果是直通线，则两边依次且同步亮起顺序为：1、2、3、4、5、6、7、8。

如果是交叉线，则两边依次且同步亮起顺序为：3、6、1、4、5、2、7、8。

若中途出现有灯未亮起或者顺序不对，则网线未做通，需要重新制作。

附录一

电网调度自动化系统故障处置方案

1 事故特征

1.1 危险性分析和事件类型

1.1.1 危险性分析。

(1)部分及全部设备停运。

(2)影响电网调度数据、话路等重要信号。

1.1.2 事件类型：软件故障。

1.2 事故可能发生的区域、地点

1.2.1 主站设备：调度自动化机房。

1.2.2 软交换设备：调度自动化机房、调度室。

1.3 电网调度自动化系统事故的危害程度

设备发生故障后，使电网调度的指挥处于盲调状态，严重影响电网的安全运行。

1.4 事前可能出现的征兆

1.4.1 工作站反应较慢，数据刷新延迟。

1.4.2 调度员工作站数据中断。

1.4.3 调度台电话时常中断。

2 应急处置

2.1 现场应急处置程序

2.1.1 故障发生后，落实设备故障出现的现象，将现场情况报告单位负责人及通知自动化维护人员立即处理。

2.1.2 自动化维护人员接到通知后，立即赶赴现场进行应急处理。

2.1.3 自动化维护人员详细落实故障现场后，启动调度自动化现场处置、应急预案，同时向电力调度主要负责人汇报。

2.1.4 故障处理后，及时恢复调度自动化设备正常运行方式。

2.1.5 自动化人员进行故障处理完毕后，恢复设备正常运行方式，同时，向电力调度室主要负责人汇报处理情况。

2.2　现场应急处置措施

2.2.1　历史数据丢失处置过程：

(1)主机、备机数据服务器不能正常工作，迅速使用 WEB 浏览工作站监屏。

(2)通过总控台“系统管理”—“应用状态”，查看数据服务器状态。

(3)服务器处于停用状态时，分别登录到 SCA1－1 和 SCA2－1，先使用停止命令 sam_ctl stop 停止数据服务器，再使用启动命令 sam_ctl start down 启用数据服务器，然后打开终端查看各个程序运行状态，进行进一步的处理。

2.2.2　调度电话中断处置过程：

(1)立即启用备用电话。

(2)落实调度电话出现的故障现象。

(3)调度外线电话出现故障，立即查看配线架。

(4)调度内线出现问题。

a)检查软交换平台运行状态；

b)检查调度台工作状态—“运行中”或者“注册中”，若是注册中，需检查网络交换机；

c)若检查软交换平台和调度台运行状态显示正常，重新启动调度台主机。

2.2.3　前置机故障处置过程：

(1)前置机出现故障，立即启用 DF8002 系统的调度员工作站。

(2)通过总控台“系统管理”—“应用状态”，查看前置机状态。

(3)查看前置交换机各个网络接口的运行状态。

(4)若网络正常，分别登录到 Fes1－1 和 Fes2－1，打开终端，对前置机各个程序进行查看和处理。

3　注意事项

3.1　事故处理原则

采取措施解除对人身、电网和设备的威胁，保持无故障系统及设备的正常运行。尽快限制事故发展，消除事故根源或隔离故障源；

3.2　事故处理要求

3.2.1　故障出现后要必须详细落实现场情况，设备故障性质及影响情况，迅速作出判断，及时采取应急措施，确保调度不受影响。

3.2.2　故障处理中严格按照操作规程处理，做好监护。

3.2.3　做好设备缺陷记录，留底存档。

3.2.4　事故产生的原因、处理的结果及影响及时汇报调度。

附录二

电网调度自动化系统故障应急信息表

<table>
<tr><td>报告单位</td><td></td><td>报告时间</td><td></td><td>报告地点</td><td></td></tr>
<tr><td>报告人姓名</td><td></td><td>联系电话</td><td></td><td>岗位/职务</td><td></td></tr>
<tr><td colspan="6">事件简要情况</td></tr>
<tr><td>发生时间</td><td colspan="2"></td><td>事发单位</td><td colspan="2"></td></tr>
<tr><td>发生地点</td><td colspan="5"></td></tr>
<tr><td>涉及的介质</td><td colspan="2"></td><td>设施名称</td><td colspan="2"></td></tr>
<tr><td colspan="2">事件规模及风险</td><td colspan="4"></td></tr>
<tr><td colspan="2">现场人员撤离情况</td><td colspan="4">现场人员共：　人　已撤离：　人　未撤离：　人</td></tr>
<tr><td colspan="2">人员伤亡情况</td><td colspan="4">□无　死亡：　人　伤：　人</td></tr>
<tr><td colspan="2">事件已经或正在采取的控制措施</td><td colspan="4"></td></tr>
<tr><td colspan="2">事件潜在后果及可能造成的影响</td><td colspan="4"></td></tr>
<tr><td colspan="2">周边环境影响</td><td colspan="4">□人口密集区　□厂区道路、公路等交通要道
□农田　□其他</td></tr>
<tr><td colspan="2">现场人员联系方式</td><td colspan="4">现场指挥人：　联系方式：
现场联络人：　联系方式：</td></tr>
<tr><td colspan="2">单位内部应急救援力量到位情况</td><td colspan="4"></td></tr>
<tr><td colspan="6">请求中心协调、支持事项</td></tr>
<tr><td colspan="6"></td></tr>
</table>

附录三

电力调度岗管理学习地图

单位：供电服务中心　　　　　　　　基层单位：电力调度室　　　　　　　　岗位：电力调度

职位层级	工作职责	能力要求	学习内容模块	课件包序列
	1. 遵守 QHSE 管理规范，调度规程、安全规程，参加安全活动； 2. 组织编制和执行油田电网的运行方式和调度计划； 3. 指挥调度管辖范围内设备的操作； 4. 参加编制油田电网年度设备检修计划，根据电网运行情况和工作需要编制月、周检修计划，制定和执行日检修计划； 5. 协助地调调控发、用电负荷，维持电网频率要求，并进行电网电压调整； 6. 指挥电网的事故处理，参加电网事故分析，参与制订提高电网安全运行、稳定运行的措施； 7. 负责本调度机构管辖的继电保护、安全自动装置、电力通信和电网调度自动化系统的运行管理； 8. 对用户管辖的上述系统、装置的配置和运行进行技术指导；	1.1　具备见习调度员理论知识和开展工作的能力	1.1.1　了解电网的结构、组成以及相关设备的结构和作用等基本知识	
			1.1.2　熟知《安规》(变电、线路)及《电力调度规程》知识	
		1.2　具备实习调度员理论知识、实际开展工作的能力	1.2.1　熟练掌握调度岗位各种专业基础知识和技能，了解变电、检修、线路、配电相关岗位的基础知识	
			1.2.2　了解电网运行、继电保护知识、调度自动化系统、模拟屏应用	
			1.2.3　熟知电网电气设备试验规程及调度基本功(两票填写、审核，图纸审查)	
			1.2.4　了解电网事故处理的一般原则	
		1.3　具备副值调度员开展调度工作的能力	1.3.1　熟知电网各类电气事故的现象及原因分析	
			1.3.2　熟知电网事故处理流程	
			1.3.3　能协助正值调度员做好本值工作，监视设备的安全、经济运行；正值临时外出时，代理正值调度员的工作并做好记录，事后应向正值汇报全部情况	
			1.3.4　能正确填写调度命令票，协助正值进行操作管理，当运行方式变更时，及时核对模拟屏，使之与实际相符，必要时悬挂警告标志。交接班时，若未恢复原方式，应向接班人员说明	

续表

职位层级	工作职责	能力要求	学习内容模块	课件包序列
	9. 编制调度管辖范围内设备的检修进度表，批准其按计划进行检修； 10. 负责指挥本电网的经济运行，提出改善电网经济运行的措施； 11. 参加新建、扩建、改建设备的验收工作，编制新设备加入系统运行和重大设备检修的调度方案； 12. 对油田电网远景规划、发展和设计提出建议，参加电网规划的编制和工程设计、审核工作，参加通信、调度自动化规划的编制工作； 13. 负责组织签订调度协议； 14. 组织油田电网有关人员的调度业务培训； 15. 负责“公平、公正、公开”调度信息发布； 16. 参加编制电力分配计划，严格按计划供电；负责制定电网事故拉闸顺序和限电拉闸顺序； 17. 协调所辖电网运行的其他关系	1.3 具备副值调度员开展调度工作的能力	1.3.5 接受正值领导，配合地调维护系统频率、电压，负责填写限电记录，收报负荷，计算电量	
			1.3.6 能协助正值迅速正确地处理事故、及时记录时间、继电保护及自动装置动作情况、潮流变化及影响范围。协助拉闸限电，有时间尽量解答用户的询问	
			1.3.7 熟悉清楚继电保护知识，操作调度自动化系统、模拟屏应用	
			1.3.8 能对电网的安全、可靠运行，提出有效的建议	
		1.4 具备正值调度员开展调度工作的能力	1.4.1 熟知供电系统重大事故处理流程	
			1.4.2 能主持本值全面工作，负责本值时间内系统安全、经济运行，根据负荷及系统情况，及时合理调整系统运行方式，完成本班工作任务	
			1.4.3 能执行已批准的日调度计划，当与实际情况不相符时，及时修改，并报告调度中心领导和计划员；负责审核副值调度员填写的调度命令票，发布调度命令	
			1.4.4 能正确、迅速地指挥管理范围内设备异常、事故的处理。安排临时事故、障碍性抢修、重大缺陷的抢修工作，并报告有关领导	
			1.4.5 熟练应用继电保护知识，熟练操作调度自动化系统、模拟屏应用	
			1.4.6 能根据电网异常现象，对电网事故和故障进行正确分析、判断	

附录四

电力调度自动化技能操作员工学习地图

单位：供电服务中心　　　　　　　　基层单位：电力调度室　　　　　　　　岗位：自动化维护

职位层级	工作职责	能力要求	学习内容模块	课件包序列
助理工程师	1. 负责本岗位 HSE 管理规范和安全操作规程的执行工作； 2. 负责设备、装置的巡回检查工作； 3. 负责系统的浏览和查询工作； 4. 负责设备的日常维护与保养工作	1.1 具备应用自动化系统理论知识、岗位操作规范和安全知识开展工作的能力	1.1.1 自动化系统理论知识	
			1.1.2 HSE 相关知识	
		1.2 具备维护设备正常生产的能力	1.2.1 调度自动化设备网络结构图	
			1.2.2 巡检、测温、设备缺陷记录等资料的填写	
			1.2.3 巡视检查服务器	
			1.2.4 巡视检查工作站	
			1.2.5 巡视检查安全网络防护设备	
			1.2.6 巡视检查软交换设备	
			1.2.7 巡视检查数字录音设备	
			1.2.8 巡视检查视频监控设备	
			1.2.9 使用网络测试仪测量网线	
			1.2.10 使用万用表测量电阻	
		1.3 掌握自动化系统使用手册的能力	1.3.1 工作站的监视	
			1.3.2 告警信息的查询	
			1.3.3 报表的查询	
			1.3.4 图形编辑器的使用	
			1.3.5 SCADA 数据库的使用	
			1.3.6 自动化工作站的停止与启动	

续表

职位层级	工作职责	能力要求	学习内容模块	课件包序列
助理工程师	1. 负责本岗位 HSE 管理规范和安全操作规程的执行工作； 2. 负责设备、装置的巡回检查工作； 3. 负责系统的浏览和查询工作； 4. 负责设备的日常维护与保养工作	1.4 具备使用常用工具用具、个人防护用品、消防器材的能力	1.4.1 工衣、安全帽穿戴方法	
			1.4.2 二氧化碳灭火器的检查使用	
		1.5 具备本岗位应急响应及处置的能力	1.5.1 岗位应急预案	
工程师	1. 负责本岗位日常生产和设备的正常运行维护工作； 2. 负责变电站原始生产数据记录、报表、资料等基础资料管理工作； 3. 负责本岗位设备的维护保养及常见故障排除工作； 4. 负责组织实施“传、帮、带”等员工素质提升工作； 5. 负责本岗位危险有害环境因素的识别和应急处理工作	2.1 具备应用自动化系统理论知识、岗位操作规范和安全知识开展工作的能力	2.1.1 自动化系统理论知识	
			2.1.2 HSE 相关知识	
		2.2 具备处理日常自动化系统运行过程常见问题的能力	2.2.1 填写值班记录	
			2.2.2 填写事故预想记录	
			2.2.3 图形编辑器的使用	
			2.2.4 SCADA 数据库的使用	
			2.2.5 FES 数据库的使用	
			2.2.6 公式定义的使用	
			2.2.7 告警分类定义的使用	
			2.2.8 采样定义	
			2.2.9 报表制作	
			2.2.10 自动化工作站的停止与启动	
			2.2.11 服务器的停止、启动	
		2.3 具备处理自动化系统及设备常见故障的能力	2.3.1 用万用表测量直流电压和交流电压	
			2.3.2 处理计算公式错误故障	
			2.3.3 处理遥测数据错误故障	
			2.3.4 处理遥信信号错误故障	
			2.3.5 处理语音报警错误故障	
		2.4 具备独立授课的能力	2.4.1 常用授课方法与技巧	

续表

职位层级	工作职责	能力要求	学习内容模块	课件包序列
高级工程师	1. 负责参与本岗位设备操作规程、管理制度和应急预案的制定工作； 2. 负责检查现场设备安全运行及故障排除工作； 3. 负责参与设备拆卸、安装、检修安全监督检查工作； 4. 负责对操作人员进行设备安全操作监督指导工作； 5. 负责组织实施本岗位技术培训、质量攻关及创新创效工作； 6. 负责本单位安全生产事故调查与处理工作	3.1　具备应用自动化系统理论知识、岗位操作规范和安全知识开展工作的能力	3.1.1　自动化系统理论知识	
			3.1.2　HSE 相关知识	
		3.2　具备分析处理生产过程疑难问题的能力	3.2.1　自动化相关设备运行分析	
			3.2.2　设备检维修作业指导书的编写	
			3.2.3　处理遥信信号错误故障	
			3.2.4　处理遥测数据错误故障	
			3.2.5　处理遥控拒跳故障	
			3.2.6　处理通道中断故障	
			3.2.7　处理数据曲线不能调取故障	
			3.2.8　处理遥测数据全部清零故障	
			3.2.9　处理软交换平台故障	
			3.2.10　处理调度台故障	
		3.3　具备指导新员工开展电力调度自动化业务培训和授课能力	3.3.1　电力调度自动化系统管理规程	
			3.3.2　编制自动化新设备验收项目的培训教案	
			3.3.3　编制事故处理方法的培训教案	
		3.4　具备应用电力调度自动化新工艺的能力	3.4.1　验收自动化新设备的投运	
		3.5　具备质量管理创新，组织策划能力	3.5.1　质量管理方法与技巧	

参考文献

[1]刘家庆. 国家电网公司人力资源部组编. 电网调度. 北京：中国电力出版社，2017.

[2]江苏省电力工业局南通供电局. 变电运行培训教材. 北京：水利水电出版，1992.

[3]曹茂昇，高伏英. 国家电网公司人力资源部组编. 电网调度自动化主站运行. 北京：中国电力出版社，2017.

[4]曹茂昇，高伏英. 国家电网公司人力资源部组编. 电网调度自动化主站维护. 北京：中国电力出版社，2017.